# 少了微生物，我們連屁都放不出來

## 細菌病毒如何決定人類的生活，以及我們該如何自保？

# Ein Keim kommt selten allein

## Wie Mikroben unser Leben bestimmen und wir uns vor ihnen schützen

Prof. Dr. Markus Egert
Frank Thadeusz

馬庫斯・艾格特博士、
法蘭克・塔杜伊斯——著
宋淑明——譯

獻給

Massimiliano Cardinale
Dietmar Egert
Dorit Egert

目次

# 前言

「你是研究衛生的專家哦，我看了報紙才知道。」有一次我太太這樣說。她之所以這麼說的意思是，雖然我擁有微生物學和衛生學的博士學位，但我在家裡可不是那個最喜歡打掃的人。

我承認，在生活中我不會動不動就拿起溼抹布東擦西擦。理由很簡單，「病菌」這個字眼不會引起我的恐慌。聽見「細菌」二字，我腦中首先浮現的，也不是問題、麻煩，反而是一個壯觀的生物群體。

本書講的是我們每天打交道的對象：微生物，例如細菌、真菌和病毒——這是一個非常錯綜複雜的愛情故事，是我們和微生物之間的故事。

基本上，我們將細菌和其他相似的菌類視為必須徹底消滅的敵人，不惜一切手段，用盡彈藥庫中最厲害的清潔劑。可是雖然微生物學家現在才剛開始了解微生物的

世界，卻已經隱約知道，那個看不見、充滿祕密的微生物宇宙對我們的意向態度，比我們截至目前為止所相信的，來得友善許多。

後續我將告訴你，要想在我們屋子裡營造一個沒有微生物群的無菌生活，簡直不可能。數十億隻單細胞生物無時不刻不在我們周遭汲汲營營、忙忙碌碌。它們以我們的皮膚為家，甚至住在我們體內，每個人都滋養著多得難以想像的微生物（數量達十兆）。此外很有趣的是，如果我們太過於講求衛生反而更會生病；而我們一病倒，幫助我們重新站起來的，也總是細菌。

我不是一個怪咖學者，不會神化自己研究的東西。殺死這些可愛的小畜牲，也是和這些微生物共同生活的一部分，因為很可惜，在它們之中也有會徹底損害我們健康的惡魔。

抗生素、消毒劑和清潔劑都屬於文明生活的福利，這些東西明顯延長了我們的壽命。但是使用它們必須非常小心，否則它們對微生物產生的影響，有可能是我們想要的反效果。而且不僅是反效果，我們微生物學家也愈來愈清楚，將所有微生物統統消滅是一個錯誤，因為為了捕殺一些壞菌，我們連帶也消滅了許許多多的好菌。

微生物是這個星球上最早的生物，而且我可以保證，二十億、三十億年之後，微生物也會是地球遭太陽燒毀之前，在這個星球上存活的最後一種生物。我們之所以能夠在這個美麗的藍色星球上生活，都多虧了這些單細胞生物，它們的大恩大德讓人感激不盡！

比起日常相伴的微生物，大家反而更認識海洋深處馬里亞納海溝裡或西伯利亞凍原上的微生物，這點讓我深感困擾。一路陪伴著我們的，還有住在洗衣機、廚房菜瓜布裡的那些微生物，我們對它們的了解也一樣太少。

沒有微生物的生活著實乏味無聊：微生物能夠製造出乳酪、薩拉米香腸、葡萄酒和啤酒這類的東西。因為有它們，我們才能得到不可或缺的維生藥物：例如胰島素，或者其他重要的化學製品如檸檬酸、乙醇等等。

沒有微生物的話，牛就無法消化胃裡的草、無法長肉。就連人類，如果少了微生物，我們連屁都放不出來。

許多植物受惠於它們根部的微生物，因而能夠從空氣中攫取維持生命的氮，也就是說，微生物會幫植物施肥。在污水淨化設備中，微生物吃掉廢水中的髒污。在沼氣

設備中，它們把垃圾中的甲烷轉化成可以使用的能源。

許多微生物甚至和我們一樣有些可愛的特性：細菌相當喜愛聊八卦，它們能夠迅速集結成一大群，也喜歡和個性相近的同好一起輕鬆一下，還會邀請奇形怪狀的親友團加入——成群結隊萬歲！

它們最愛的還是整天吃、吃、吃。本性靦腆、沒有性慾的它們，有時候再三躊躇之後還是會打一下炮。

幾年前父親曾經問我，一隻微生物整天都在做什麼，而我給了一個不正經的戲謔答案，至今仍舊令我懊悔萬分：「把一個小容器裡的無色液體注進另一個小容器裡。」

我其實應該要將微生物引人入勝的生活描述給他聽，這也是本書所要做的補償。親愛的讀者，如果你在讀完之後，會以不同的眼光看待我們的小小同居者，那我的目標便達到了。

第一章

# 有菌，無菌，哪個好？

# 第一隻細菌是工作狂，我們感謝它，有它才有一切

每逢有關家庭衛生的演講題目，我總喜歡這麼開場：「大家好，我的名字是馬庫思．艾格特，大多數人對我研究的東西都會說，我根本不想知道這麼多！」談到病毒或細菌，很多人的第一反應是抗拒，這個題目似乎太令人反胃，也許也太嚇人，因為這裡牽扯到的都是些暗地裡發生的事。

但是這種恐懼幾分鐘之後就會被拋到九霄雲外，因為居家衛生真的與我們每個人息息相關，沒人能夠置身事外。根據我的經驗，大多數人都認為自己非常愛乾淨，而且會很理性地使用抹布和全效清潔劑，別人才是被取笑的對象。說說看，誰沒有那種想在他生日時送一包抹布過去的朋友？而且，每個人一定也有一個讓人不想去拜訪的女性朋友，因為她的潔癖讓人煩不勝煩。

做為微生物學家，我會投入研究這個題目並不是隨機亂選之下的結果。當然，我在

家裡不會對清潔打掃的事碎碎念，我博士論文研究的可是非洲花金龜毛毛蟲、金龜子幼蟲及蚯蚓腸子裡的微生物群。如果有人覺得微生物學是沒有必要的奢侈學科，那我可以讓他閉嘴，我敢斷言，微生物學家在眼下這個時代所擁有的工作機會可多著呢。

因為幾乎每個角落每件事情，微生物學家都派得上用場，讓現代生活有效運行。微生物學家必須檢驗並確認食品或飲水中沒有危險的病菌存在，許多藥劑甚至必須完全無菌（也就是絕對什麼菌都不能有）。即使在汽車工業，車子上漆時浸泡車身的顏料池中，也只能容許極少量的細菌存在。一旦有單細胞生物棲身金屬之中，車漆恐怕就會無法完全貼合車身。

## 微生物的探險遊樂場

我會成為家庭衛生保健專家純屬偶然。二〇〇六年時，我任職於消費品製造商漢高公司（Henkel），位在杜塞道夫（Düsseldorf）。對一個好傻好天真的學院派研究人員來說，這個職場跑道的轉換相當於棄明投暗、效忠黑勢力的開始。因為在這裡做研

究，不再單純是為了研究本身，而是為了賣出更多清潔劑、洗碗精或止汗劑。

我成為微生物部門的實驗室主管後，最早專門負責體味和止汗劑的研究，那簡直像是置身一個給微生物玩的探險遊樂場。當我在公司裡，以大學實驗室的方法簡報自己的想法時，一個老長官喜歡把我的實驗叫做「艾格特先生的沙坑」。

舉個例子，我們會研究化妝品對皮膚上的微生物群有什麼作用。因此，我們隔離從同事腋窩取樣來的細菌，研究它們之中是誰在製造發臭的物質。後來，我們還把重心轉移到汽車的空調和洗衣劑裡的微生物群，以及清潔劑對居家微生物的影響。

此外，我們也研究基改細菌分泌的酵素，測試它能否在洗衣機洗滌過程中消化衣服上的污漬，這還真有點像在科學怪人的實驗室裡才會做的事。但是現代的微生物科學真的有機會訂製出一種完全照我們意思行事的微生物，沒問題的！欸，幾乎啦。

另一方面，微生物學家和活微生物之間的合作方式，仍然跟羅伯特．科赫（Robert Koch，結核桿菌的發現者）幾乎一模一樣，這套使用固體或流體培養基的方法已經用了將近一百五十年。因為微生物必須是活的，我們才能檢驗它在受到特定的環境刺激時（例如在清潔劑或止汗劑中），會有何反應。

大家經常會忘記微生物也是生物，擁有自己獨特的一套新陳代謝系統。它們只有千分之一公厘的大小，需要用顯微鏡才看得到。在三百五十年前，能看見這些地球上最小的居民，堪稱是一大進步。第一個應該有真的看見細菌、並且描述出細菌樣貌的人，是荷蘭的安東尼・范・雷文霍克（Antonie van Leeuwenhoek），一位鏡面磨製愛好者和光學家。這個人在當時自然還不太明白，自己到底在跟什麼打交道。因為人們對有微生物存在的相關知識了解太少，十九世紀還有醫師相信，疾病的成因是令人不適的味道，直到前述的羅伯特・科赫解釋了微生物的真實天性，才有所改變。

## 攪拌器裡的微生物

所有的微生物都是單細胞生物，它們能夠以這樣的形式存活，真令人讚嘆！如果微生物學家想解釋微生物（單細胞生物）和比較高等的生物（多細胞生物）之間的真正差別，有一個非常簡單的判斷方法可用：在所有生物中，能夠丟進攪拌器裡攪拌，但是不會被殺死的，就是微生物。這是因為在多細胞生物體中，每個細胞都各司其

職、術業有專攻，在自然條件下若要單打獨鬥，它們一個都無法存活，如果被攪拌器拆散，就再也無法建立起完整的生物體了。

相較之下微生物可能是永生的，它們的繁衍方式就是頑固執拗地一分為二，或者以科學的說法，呈冪數生長：從一個細胞變成兩個新的細胞，再變成四個、八個……，這是什麼意思呢？就是單單一個細胞，若每二十分鐘分裂一次，四十八小時以後就會產生出一個大約比地球重三千倍的生物質（Biomasse）。

微生物包含細菌和古生菌（Archaea），古生菌是細菌鮮為人知的姊妹菌，例如在沼氣環境中讓甲烷起燃燒反應。其他還有真菌、藻類、原生生物（Protozoen）以及病毒微生物。最後還有一些怪東西，它們不是生物，「只是」複雜的分子，沒有自身的新陳代謝。

細菌毋庸置疑是人們研究最深的微生物，它們具備接收化學刺激的能力，許多細菌還擁有某種像引擎的東西，能夠向前行進。「細菌」經常被當成「引發疾病」的同義詞，但這其實很不公平！大多數的微生物對人類完全無害。

相對於真菌、藻類、原生生物以及所有較高等的生物，細菌沒有細胞核，它們被

稱為「原核生物」（Prokaryote）。雖然如此，我們體內的細胞卻和細菌有直接的親屬關係。更正確的說，我們甚至源於細菌。在很久很久以前，細菌和古生菌結合成所謂的「真核細胞」（Eukaryote），也就是有細胞核的細胞，這些細胞最終構成了人類。

我們要感謝微生物的不多啦，頂多是謝謝它們讓我們得以存在而已！地球上所有的生命都源自於它們。細菌和微生物原本應該在每一本講述人類起源的書裡，額外享有厚厚的一個章節，但令人感嘆的是，這種肉眼無法辨視的微小生物在萬物起源史中，卻一個字都沒有被提到過。

微生物是我們星球上的第一批居民，在那時這裡還是一個不利人居、像地獄一樣的地方，而不是我們現在這個鳥語花香、稱為家的地方。若不是微生物的耐受能力幾乎強到討人厭，我們的星球將仍然是一片荒蕪，沒有人或動物能夠存活，樹和花也不可能存在。

在家裡，我們喜歡把微生物看成是入侵者，別自欺欺人了，是我們住在它們家裡，而不是它們住在我們家！

## 所有生命的祖先：一隻細菌

地球上所有的生命，都可以回溯到一個也許在四十三億年前就登場的超級細菌。我承認，要察覺這個比人類頭髮小四十倍、而且聲名狼藉的微生物的價值，是一種挑戰，但又沒有能夠繞過這個基礎知識的路。

科學家們給這個地球上最早的細胞生物取名為「最近共祖」（Last Universal Common Ancestor，縮寫為ＬＵＣＡ）。它出現那時，地球估計才幾億歲而已。細菌存在所留下的痕跡，遠遠不像暴龍的骸骨一樣那麼讓人印象深刻。我們之所以能有它們早期存在的證據，必須以矛盾的心情感謝氣候變遷。因為地球暖化，過去遙不可及的古老岩層構造，現在都逐漸顯露出來了。

最近一個英澳研究團體在名為條狀鐵層的綠岩帶（Nuvvuagittuq-Grünsteingürtel，位於加拿大北部魁北克），發現四十三億年前嵌有渦狀結構的古老岩層。時至今日，這類形成物仍然是深海底部火山溫泉附近的微生物的典型代謝產物，因為這種被稱為海底熱泉（Black Smokers）的海水營養極其豐富。

## 氧氣是意料之外的產物

ＬＵＣＡ在年輕的地球上出現時，地球是個對生命充滿敵意的地方，保護我們免於太陽紫外線和Ｘ光射線（Röntgen-Strahlung）荼毒的大氣層，距離現在的規模還差得遠，因此氧氣根本不存在，而且非常熱。ＬＵＣＡ是誕生在水裡的。

氧氣是地球上所有較高等生物的生命之鑰。我們呼吸的氣體之所以能生成，是個奇蹟，對此我們必須深深感謝所謂的「藍綠藻」（Cyanobakterien，又稱 Blaualgen）。它們從陽光、空氣中的二氧化碳，以及水，創造出自己需要的養分：碳水化合物。自由、氣態的氧，是這個光合作用過程中產生的廢物。

幾乎花了十五億年的時間，空氣中的含氧量才達到百分之二十一，剛好也就是我們今天之所以能夠好好活著的含氧量。這個狀態約莫是在十億年前才首度達到的。有這麼多氧氣供我們呼吸、產生能量，生命多樣性呈現爆炸性的成長，藍色星球也變綠了。除此之外，較高等的生物（也就是多細胞生命形式）也出現了。

還存在這世上的芸芸眾生，沒有誰能夠否認，所有生物都源自ＬＵＣＡ，也因

此，所有生物彼此都有親緣關係。從細菌到海參，從馬鈴薯到果蠅、猿類、人類，都享有相同的特性，例如都用ＤＮＡ來做為遺傳物質，或者都用相同的方式製造蛋白質。

這也表示，微生物和我們之間的關係緊密得像是一張網。我們每個細胞都包含「移入」的細菌細胞（名為「粒線體」〔Mitochondrien〕），我們百分之九十的動能都由粒線體產生。

大多數科學家認為，生命是在地球上形成的。但有件事讓人對此存疑：有些微生物即使在不利存活的條件下，還能堅忍不拔地生存下去，這種能力到底是哪裡來的？我們已經知道，演化並不喜歡一步登天，而是以小碎步前進，但這些微生物顯然是在相對很短的時間內，就自我鍛鍊出驚人的耐受力。

有一套說法可以解釋這點，只是它在嚴謹的科學界並沒有太多信徒，但它的恐怖之處也正是它迷人的原因，我們就暫且樂在其中吧，至少在理論上是有可能的！這套說法的信徒主張，地球被宇宙「嫁接撒種」了；據他們所說，很早以前有外星生物發展中的種子撒到我們孤苦伶仃的地球來，然後殖民了地球。按照這種說法順藤摸瓜，我們大家都是外星人。

## 年紀最大的個體

美國微生物學家在超過兩億五千萬年前的鹽結晶中，發現困在其中的細菌孢子。研究人員將混著糖、維生素和微量元素的營養液餵給看似已經歸天的小嬌客吃。這個混合液體展現了神奇的魔力，它重新喚醒孢子的生命，而且醒來後好像根本什麼事都沒發生過。

兩億五千萬歲的細菌不可等閒視之，它們是地球上所有活過的生物中年紀最大的。大家可以比較一下：年紀最大的人類大約是一百二十二歲。我們這下子更清楚了：擁有這種能力的微生物即使做一趟太空旅行，也是眼睛都不用眨一下，直接騎上隕石就行。

即使地球遭到撞擊，應該也不會結束它們的生命。細菌孢子的耐受力靠的是它多層、極其厚實的外殼，而且新陳代謝幾乎完全停止。這種生命形式不論遭逢高熱、乾旱、缺乏營養，甚至連抗生素都能抵擋。

微生物在四十三億年的進化史中，幾乎來到地球的每個角落。人們在地表下幾公

里的深處找得到微生物，往上到大氣層平流層的最高處也能發現其蹤跡。地球的自然環境中幾乎沒有無菌的地方（滾燙的岩漿也許可以除外）。微生物因為如此微小，所以能夠棲身在世界上任何地方。至於它是否覺得舒服、能存活並且繁衍，就取決於個別的環境條件了。

我這裡想表達的是，我們絕對能影響微生物，不讓它們把家裡的冰箱、床鋪或廁所當成理想的居住地。可是想對微生物築起保護牆，或者甚至試圖躲避它們，卻是沒有用的。反正我們絕對擺脫不了它們。

LUCA和它的子孫已經在地球上維繫了四十億年之久，恐龍也才不過一億七千萬年，相比之下簡直小巫見大巫。現代人（又稱智人，*Homo sapiens*）也才剛在地球上存活超過二十萬年。

像細菌這樣的微生物是地球的第一批生物，而且不只如此。如果二、三十億年之後，當太陽即將無可避免地燒毀地球之際，它們也會是最後一批還活著的生物。

# 細菌深知團結力量大的道理

當動物發出哼哼或嚎嚎聲，可想而知牠們也許正在跟同類聊天，鯡魚之間的溝通甚至還包括放屁。動物之間真的會閒聊，這是演化生物學最令人驚異的知識。植物之間如果有必要的話，也會活潑地互相交換訊息。動物或昆蟲想入侵或咬噬綠色植物時，遭受攻擊的植物不只會分泌苦澀物質來保護自己，還會透過發出短暫的化學信號來警告自己的鄰居。

微生物能做到文化溝通這樣高的成就，這點大家當然完全不會相信。基本上，生態系統中無人聞問的微生物，至今仍被貼上「像麵包一樣蠢，而且只有繁殖這麼一個功能」的惡名。當哈佛大學生物化學家約翰·伍德蘭·哈斯丁（J. Woodland Hastings）在劍橋第一次提出「微生物會暗地裡互通訊息」這樣的論點時，還有人懷疑。

大家現在承認哈斯丁的論點了。微生物學界用「群體感應」（Quorum Sensing）這個有點古怪的專有名詞，來形容微生物互約相見、大規模組織群體活動的驚人能力。這個名詞說明的是，單細胞生物能夠感覺到有多少同類在附近，並且妥善利用這項優勢。

我們星球上這個小小的生命形式明顯發展出了複雜得驚人的溝通系統，可以表達出各種不同的需求。僅僅過去幾年中，研究人員已經分辨出大約二十種微生物用來獲得不同消息的「訊息分子」（Signalmoleküle），每一種都十分獨特。而根據猜測，這只佔它們溝通方式很小一部分而已。

## 微生物的語言大雜燴

所有的跡象都指出，不同的單細胞生物各有自己的語言，不是每一個細菌都了解所有的訊號。細菌是如何過濾訊息、從中挑出自己感興趣的訊息分子，是當前最新、最令人興奮的研究主題，而且直至目前很大的部分都還不被了解。

不過，哈斯丁卻早在一九七〇年代就已經開始借助耳烏賊目（Zwergtintenfisch）的夏威夷短尾烏賊（*Euprymna scolopes*）研究證明，群體感應對微生物來說有什麼具體的用處。這位水底居民生活在夏威夷海海岸，在太平洋明月清朗的夜晚，漆黑的牠很容易被敵人發現。因此夏威夷短尾烏賊生有一種發光的器官，在水底的牠可以點亮自己，用光暈模糊身體的輪廓。

烏賊本身根本不具備發光的能力，不過牠有好伙伴來幫忙：一種名為「鯢弧菌」（*Vibrio fischeri*）的微生物。

小烏賊一從卵裡孵出來，就開始從海水中吸取對牠非常重要的細菌。這些單細胞生物會直接被導進烏賊的發光器官，它們在裡面迅速均勻地繁殖，直到數量多到可以發光——大約是一百億隻！這個關鍵性的臨界值只要一超過——叮！整個集合體開始發光。單一隻微生物只是一盞光線暗淡的燈，只是在浪費自己的能量，但一百億隻團結在一起，足以媲美高射探照燈。

微生物這麼做絕不是無私無我的表現，這種服務讓它們因此擁有一個可以保護自己的住處，還能從宿主那裡得到醣類與其他營養。

在烏賊和細菌兩者的奇特合作關係中，微生物學家覺得特別神奇的是，單細胞生物究竟如何辨認出這一百億個同類呢？

出於某種原因，這些微小的生物知道自己必須團結才有力量，而它們也極其合群，否則它們的組成構造，也不過就是一個裡頭包裹著蛋白質和DNA的脂肪外殼而已。儘管如此，細菌擁有接收器，能靠接收器感知某些環境刺激（例如烏賊的醣類分子），也有能力篩選出帶有資訊的分子。

為了引起注意，細菌會勤快地釋放出分子，以這種方式向周圍呼叫：「哈囉，我在這裡，還有別人也在這裡嗎？」這個呼喊聲如果夠大，意思是訊息夠多的話，便代表這裡的細菌數量夠多，此時，細菌才會啟動複雜的生化機制，發出光亮。

## 每分鐘三千轉

能像費氏弧菌（*Aliivibrio fischeri*）那樣，不勞而獲地被捲進飼料堆裡吃香喝辣，對微生物來說，是可遇不可求的事。細菌會不時上下左右、沒什麼把握地朝不同方向

游動，尋找養分和同伴。然後，往往就會有像計程車無線對講機一樣的求救聲出現：「過來過來，我們需要你。」此時，細菌的動作就快了。

對此，我們腦袋裡會浮現一個問題：微生物要怎麼移動？

許多微生物有所謂的鞭毛來取代手腳，像一條條細繩掛在身體的側邊，必要時，在某種電力引擎推動下，這個細繩般的構造會變成螺旋槳，而且能加速到每分鐘三千轉。

細菌也常會毫無計畫地在四周漫遊，微生物學家給這種行為的正式名稱是「漫步」（Taumeln）。但即使這種行動方式，背後也藏著一些測試辦法，讓細菌找出往哪個方向可以遇到自己覺得舒服的環境。

我們可能以為，無欲無求的單細胞生物基本上能到處為家，其實不然，這些微小的生物像是有生命的探測器，會測試環境是否適合居住，還能感覺到附近有沒有好東西。

舉例來說，它們會辨認環境中的化學物質，看看哪裡可能會有養分來源。

人體對我們看不見的同居夥伴而言，就像極樂世界一樣誘人。微生物非常享受我們舒適的體溫，也能在身上找到取之不盡用之不竭的養分。所有我們自己覺得有點噁

心、從臉頰擦下來或從衣服刷下來的東西，例如分泌物或皮膚碎屑，細菌都特別愛吃，如果是血液，它們就更雀躍了。

生物膜（biofilm）是細菌一項值得讚嘆又令人作嘔的成就。當幾兆隻細菌密集地聚在一起，它們所排放出的分子便能相黏累積成這種黏稠薄膜，像一個高密度的墊子。在這種沼澤般的環境裡，細菌和其他微生物覺得格外舒服，因為它們在這裡幾近無懈可擊、牢不可破。而在打造這座微生物的超級大城時，群聚感應的能力也扮演了重要角色。

在醫學和衛生保健上，生物膜已經成為一個重要的問題。研究調查顯示，裝導尿管一週以上，半數病人都會尿道發炎，因為在塑膠導管表面和內壁的病菌會立即組織形成生物膜。

患有囊狀纖維化（Mukoviszidose）的人，經常長期苦於肺部感染問題。造成感染的主要原因是一種叫做「綠膿桿菌」（*Pseudomonas aeruginosa*）的邪惡致病菌在作祟。這種可惡的細菌會在病人的肺部組織打造出異常堅固的生物膜，就連採取長效型抗生

素療程嚴加防範也起不了作用。

生物膜這類構造在我們周遭隨處可見，比如一天沒有刷牙，牙齒上面就會出現有點毛毛的薄層。如果放任幾十億隻細菌聚集，這個薄層便是口臭與蛀牙的開路先鋒。

家裡的水槽也是微生物的熱門地區。我岳母在把水槽刷洗得閃閃發亮時，她會用「從裡到外亮晶晶」這個有趣的形容，只不過，水槽下幾公分深的地方，罪惡又開始了。嘴巴很壞的人如果號稱 Siphon（存水彎）這個字源自 Siff（骯髒），也不是完全沒有道理，因為在這類管子中聚集的細菌數目，遠遠超過人類對數量的抽象想像。要對付這類水管中的生物膜，不管你拿熱水沖或拿馬桶、水槽專用的漂白消毒劑洗都無效，甚至連槌子和鑿刀都沒有幫助。

## 生物膜內的防禦聯軍

科學家愈來愈將致病微生物視為一種威脅，醫師則是早就承認，他們幾乎跟不上這些應變力超強的對手。目前我們跟這些危險的細菌作戰時，最有力的武器是抗生

素。但是抗生素沒有能力將微生物群當成構造複雜的組織去攻擊，只能呆板地在身體有危機的區域一隻一隻處理掉——不論這隻微生物對我們是有用的還是有害的。藥物穿透不了生物膜這層黏呼呼的防護罩，無力對抗裡頭的防禦聯軍。

此外，我們現在的殺菌對策，完全低估了細菌的行為有多麼投機，一隻細菌只要失去行為能力卡住不動，馬上會遭某個同類狼吞虎嚥吃下肚。這些單細胞藉著這種盜墓方式，享受速食點心，此舉不僅是貪吃，將死去同伴的基因組吃進肚子後，這隻微生物就能將同伴的基因組嵌入自身的基因組裡，因此變得更加強壯。

以這樣的方式，微生物群體中真的會產生出科學怪人。一隻再普通不過的細菌，能夠轉眼間因此變成具有多重抗藥性的細菌，讓抗生素再也無機可乘。

這些突變種是我們跟微生物世界的惡勢力抗戰時，為何總是一敗塗地的主要原因。抗生素破壞的是，微生物維繫生命必須製造的細胞壁物質、蛋白質，以及其他重要的分子。

然而，這些突變種擁有可觀的軍械來抵禦攻擊、保衛自己。例如強力幫浦，能輕易將抗生素從體內沖走；或者酶，能夠像對付毒素那樣，在抗生素入侵體內前把它分

解掉。其他微生物則會將自己包起來，或是築起藥物無法侵入的生物膜。

這些突變種從攻擊中僥倖存活下來之後，便失控地大量繁殖，建造出一支所向披靡的微生物大軍。

在某些微生物族系裡，老人為年輕人犧牲的情況普遍得令人吃驚。在它們的遺傳基因中內建了自殺系統，會在該細菌成為同伴負擔之前就先自我了結。對於共同生活在生物膜裡的群體而言，這提供了雙重好處：不僅少了一張吃飯的嘴，死去的細胞體還能給活著的同胞提供營養和ＤＮＡ零配件倉庫。

## 對抗細菌的新方法？

有一種非常搶手的營養素，是這些微生物即便吃了自己的同類仍然得不到的，那就是鐵。人類細胞中的血紅蛋白（構成了血液的紅顏色）裡含有大量的鐵，但我們自己也很需要鐵，所以身體很完善地保護著這種礦物質。但是早先提過的可惡病菌「綠膿桿菌」具備將鐵從人體細胞中竊取出來的能力——前提是它們集結在一塊兒群策群

力，此時，也需要靠群聚感應。

目前，我們對於這種齊心協力的圍獵行為完全束手無策。但是如果能夠離間綠膿桿菌彼此的聯結，將之各個擊破，或許有機會重創這些病原體。有一種新的革命性抗病原體療法倍受科學家期待，這想法聽起來很簡單：我們何不善用「細菌會彼此溝通聯絡」的這個知識呢？我們可以試著將聯絡線路切斷，阻擋它們為了可惡的目的而集結大量同類，聯手形成生物膜。

要做到這件事，我們必須能夠封鎖這些敵人的訊號分子。唯有這樣做，才能確保所有對我們生活有益、善意的微生物受到保護。

有些研究人員甚至相信，細菌對人類廢除它們集會權利的舉措，不會發展出抵抗力。但是我們要知道：細菌彼此之間也會開戰，而且它們在打仗時所使用的手段之一，就是阻斷對方的通訊網絡。所以可預期的是，我們人類在嘗試毀滅微生物時應該也會遭到抵抗吧。

# 人體微生物組是我們一生的朋友

十三年前，女兒約翰娜一出生，我隨即從她第一次的排泄物刮下些許樣本，裝進專門的盒子裡，然後將這個寶貴的盒子運送到我荷蘭同事的手上。

在微生物學家的眼中，所謂的胎便帶有非常多資訊，它可以告訴我們，寶寶在母體內的長成過程中都吸收了哪些養分，例如毛髮和細胞。和我們想像的不同，胚胎悠游其中的液體並不是無菌的，也就是說，孩子早在羊水中，在親眼看見這個世界之前，就已經開始與不同的細菌打交道了。

也許，小小孩正透過這種方式，緩慢地準備著無可避免且即將到來的事：充滿細菌的一生。母體內的微生物浴可能是一種能夠增強孩子免疫力的特別洗禮、首次的自然疫苗接種，就跟日後接著要打的麻疹或水痘等疫苗一樣。

## 人類是會走路的溫室

不管你用的是多強效的清潔劑，都無法改變「我們每天都和幾千種微生物生活在同一個屋簷下」的事實。然而，殺光微生物當然也是沒有必要的。不算太久之前，微生物學家開始使用的一個術語：「居家微生物組」（Haushaltsmikrobiom），指的正是我們居家環境內所有的微生物集合體。

已有充足的證據支持，這個由細菌和其他微生物共同構成的網絡，對我們的健康狀況有相當大的影響。而且，不難想像，我們打從石器時代以來，就已經和這些微生物群一同住在洞穴或茅屋裡了。

有一組微生物組是我們人類所獨有的，那就是「人體微生物組」，這是指所有在我們的身體生長、繁殖、居住的細菌、古生菌、真菌、病毒和寄生蟲，大約是十兆隻生物。基本上，我們人類（每個人都一樣）本身就是一個巨大的溫室。

在我們的身體裡，身體細胞與細菌數量的比例甚至落在大約是一比一。每次上廁所，而且只有上大號後，人體細胞的佔比才會短暫增加，因為幾十億隻細菌被沖進馬

桶了。但是過不了多久，由於單細胞生物分裂生殖的速度極快，佔比很快又會拉回來。

人的身體大約由一萬五千多種不同的微生物所佔據，而我們所認識的，不過是冰山一角，大約只有百分之二十，其餘的百分之八十，我們都用「微生物裡的暗物質」（Microbial dark matter）來籠統帶過。人們用這個詞來指稱所有人類未曾見過，或者到目前為止只能憑ＤＮＡ排序辨認的微生物。

我們的微生物組受到很多因素影響，每個人自身的基因、攝取的營養、生長的地方，還有身體健康狀態以及共同生活的伴侶，這些都發揮了某種程度的影響力。當然，我們自己的衛生習慣更是影響巨大。近幾年來，醫師和微生物學家都承認且支持一件事：人類從這個高度精密的群居共生體系中獲益匪淺。

這個共生體系保護我們免於外界的侵襲，幫助腸胃消化，啟動我們的免疫系統，甚至合力為我們製造維生素。整體而言，人類肉眼看不見的這群同居者幾乎代表了一個獨立的器官，與這個微生物系統最相近的大概是血液了。然而，我們才剛開始理解這個新的器官。

一個成年人的身體，微生物組的重量大約介於三百到六百公克之間，差不多就是三到六片巧克力的重量。

這個我們幾乎感覺不到的忙碌生物群最早吃的是母乳。母乳含有超過兩百多種醣類，其中很多醣類嬰兒根本無法消化，其實這些是重要微生物族群「比菲德氏菌」（Bifidobakterien）的養分。

比菲德氏菌被視為腸道菌群發育過程中最重要的建築師。拉丁文 *Bifidus* 的意思是「分叉」，給它取這個名字，是因為它長得像Y。

母乳的首要功能當然是提供營養，但嬰兒喝母乳，也顯然能夠有助於抵抗感染、建立腸道菌系統。這些是母乳在提供腸道菌養分時，透過母乳裡的抗體和抗菌蛋白辦到的。母乳寶寶的腸道菌，高達百分之九十由比菲德氏菌所構成。

一九七〇年代初期，社會大眾普遍懼怕母乳中的有害物質，例如殺蟲劑ＤＤＴ，因此很多父母（包括我母親）放棄餵哺母乳。如今大家已經承認，母乳對孩子的健康百利而無一害。

## 免疫系統的推手

人類身上的微生物也擁有某些好的特性，這在科學界算是一種相當新的認知，差不多是一九六〇年以來才開始逐漸形成的。在此之前，大家都將身體裡的微生物視為有害的寄生蟲，會為了獲得自己所需的養分傷害我們的生命體。

那個時候，人們對「微生物組」還一無所知。「迷你同居體」（Mini-Lebensgemeinschaft）這個有點笨拙的概念，可能首度出現在一九八八年，而且還只是一篇有關植物養護的專文。將微生物視為人體免疫系統夥伴的概念，遲遲沒有到來。但是，從那時到現在，發生了很多事情，所以現在我們知道，嬰兒在出生之際，就從母親的陰道菌群（甚至從母親的糞便菌群）得到了基本裝備，而且這個基礎遠比未來得到的所有禮物，或擁有第一間房的宜家家居（Ikea）套裝廚房，都來得重要。

人類成長到三歲的時候，微生物組幾乎已經發展成熟。從這時候開始，我們將與體內這些高度複雜的微生物群體一同生活到嚥下最後一口氣。那麼，在出生之際錯失這個天然免疫系統的嬰兒會發生什麼事呢？

可以確定的是，剖腹產的新生兒比較容易患有過敏或其他病症；他們也比較容易受到感染。這些嬰兒長大後，很明顯也會是過敏、氣喘或第一型糖尿病的高危險群。

因此，現在醫師愈來愈常在剖腹產手術後，採取一個奇特的措施：在嬰兒發出第一個哭聲時，把母親陰道的分泌物大量塗抹到嬰兒身上，希望藉此刺激剖腹產嬰兒得到像產道出生嬰兒一樣的細菌接種。這種「產道播種」措施（Vaginal seeding）能否起作用，目前還完全不清楚。

## 微生物組等同一個獨立的器官

儘管如此，我們不難預期這個題目將成為熱門的研究領域。因為在德國，每三個小孩中，就有一個是經由剖腹產來到這個世界的。微生物學家之間（當然也包括我自己）的意見相當一致：如果不是因為任何健康上的理由必須剖腹產，自然分娩是最好的。

目前當然也還不清楚，微生物組的狂熱會如何發展。人類的共生微生物，不僅是

現代微生物科學的大題目，在生物學和醫學領域也是。

把微生物組看成一個獨立的器官是很正確的，雖然實際的互動途徑在很多情況下都還有許多謎團待解，其結構和活動明顯影響著人類的健康和疾病。今天已經沒有什麼疾病是微生物組不能改變的，微生物組的檢查在將來絕對會成為標準程序，像現在的驗血一樣。

但是要獲得突破，還得再多給微生物學研究一點時間。

老鼠實驗證實，在老鼠懷孕時給牠吃抗生素，會大量扼殺其胚胎微生物的多樣性，影響之大就像投下一顆原子彈。

抗生素像龍捲風肆虐玉米田一樣，橫掃我們的腸道菌群，不論是「好」菌還是「壞」菌，藥劑一視同仁。我們的菌田需要好幾個月的時間，才能從這樣的浩劫中恢復過來。

所以，孕婦應該拒絕服用抗生素，以免對胎兒和胎兒的微生物組造成傷害嗎？當然不是！相關情況下還是必須先權衡利弊。如果感染嚴重，不使用抗生素可能會招致更慘烈的後果。但是，微生物研究告訴我們，使用抗生素敬請酌量，並且深思熟慮後

再投藥。（詳情請參閱第三章）

## 透過微生物組做犯罪鑑識？

毋庸置疑的是，微生物組的組成和活動也會因為不舒適而產生變化，但是彼此間真正的關聯性卻經常無法被解釋。這裡我們遇到的是典型雞生蛋、蛋生雞的問題，我們就是無法知道，到底是什麼先出了問題：是因為生病所以改變了微生物組？還是微生物組改變了所以才生病？

但是，假設微生物組的組成確實反映了生病的事實，光是這點，對於醫療診斷豈不就已經是一個天大的好消息？只要更深入了解我們體內細菌的行為，不就能夠對某些疾病得出某些結論？也許不久的將來，我們可以像讀取血指數一樣讀取自己微生物組的數值。

其他領域的應用也擁有令人雀躍的遠景，例如鑑識科學家夢想有一天可以透過鑑識微生物組來提出證據抓住罪犯。這個想法的確有其魅力：微生物組非常有個人特

色，而每個人確實都以自己專屬的方式來形塑環境。一個人在入住飯店房間三小時後，他的微生物指紋就已經明顯可見。

但是如前所述，有很多因素共同影響著我們的細菌群落生態，也因為如此，這個生態體系不會和指紋一樣，一直保持在相同的狀態。我認為，微生物指紋鑑識過程也因為這個原因，到目前為止都處於無足輕重的地位。但是身為德國研究學者的我，雖然不羡慕，卻不得不承認這個研究項目在美國得到的研究經費夢幻得有如天文數字。

無論如何，努力想將犯人繩之以法，確實值得讚揚。然而，以很有問題的「腸道菌組飲食法」食譜書來吸引健康狂熱者，這個意圖就不太厚道了。是啦，我們當然可以為自己的腸道菌做點好事，而我們的「西式」飲食吃太多精緻澱粉與加工紅肉，可想而知是沒有貢獻的。

健康的營養攝取，應該是多吃植物性食物、纖維質、水果及蔬菜，搭配魚和家禽肉。但如今，微生物組這種謎一般的生物卻經常被拿來當成幸福的保證：如果所有微生物各司其職、井然有序，大家就會幸福快樂——才怪！

## 回到石器時代？千萬不要！

幾年前，研究人員發現了亞諾瑪米族人（Yanomami），這支亞馬遜印地安族人的生活和他們一萬一千年前的祖先一模一樣，住在與世隔絕的熱帶叢林裡。一支美國微生物學研究團隊突然到來，使得他們平和的生活就此成為過去。不過科學家們的確帶回了一個發現：原住民的腸道菌群顯然像好好被上油保養的機器一般運轉滑順，微生物多樣性是一切的大功臣，在我們的社會裡，從來沒看過像這樣豐富多樣的微生物群。

像亞諾瑪米族人一樣地吃，像亞諾瑪米族人一樣地喝，像亞諾瑪米族人一樣地消化……，如果我們的重點只是要追求原住民的模範生活方式，類似前述的各種想像可以無窮無盡地繼續下去。但是我個人真的不覺得我們應該希望一切都完全回歸石器時代。因為，雖然我們不是一直都吃得很健康，但是目前西方世界的平均壽命是前所未有地高，而我也很確定，在孩童死亡率這方面，我們不會想要和亞諾瑪米族人一樣……

科學家有時候會有一些奇怪的想法，但也幸虧如此！因為要不是科學家的想法時

不時就脫離正軌，我們可能就沒有所謂的進步了。而把腸道想成某種第二大腦，就是一個魯莽大膽的想法。因為每個人都知道，腸道這個器官是負責消化、放屁和排泄糞便的，我們怎麼能把這個身體裡存放垃圾的地方，和有最高要求的思考裝置放在一起比較呢？

然而，腸道擁有的神經細胞比脊椎還多，而且愈來愈多專家學者推測，消化器官和思考器官其實是沿著同一條軸線建構而成的，而且還會互通訊息，在這裡，微生物又派上用場了。舉例來說，在腸道菌或其代謝物的刺激之下，腸道的神經細胞會活化，發送訊息至腦部。這又是一個明顯和微生物能力有關聯、而且讓大腦費盡思量的奇特發現。

患有自閉症、憂鬱症或輕度巴金森氏症的人，他們的腸道菌群明顯像是遭人踐踏過的花圃，完全不成樣子。

我們可以想像，如果將這些人的腸道花圃重新整頓好，他們的健康狀況會改善嗎？有沒有可能如此一來，腸道菌群就會給大腦發送快樂的訊息，說道：嘿，大腦，下面一切正常，大家都很好！——然後又能夠繼續正常過活了。

## 健康的糞便帶來新希望

醫師知道一個讓亂七八糟的腸道菌群重建秩序、好好運作的方法，那就是「糞便移植」。移植的過程是將合適的糞便以鹽水稀釋過後，再植入病人的直腸內。為了讓腸道重新擁有健康的菌群，目前使用兩種方法：要不是從直腸灌進去，就是使用鼻探針——但是這比較危險，因為糞便可能會流進肺裡。

很多動物憑本能就知道，可以靠吃大便來重建腸道菌群的健康，所以總是不顧一切埋頭猛吃大便。而在遠古中國，腸胃生病的人也總是被餵以稀釋的糞汁。

這個療法絕對有效嗎？

的確有些跡象顯示出一線希望：這裡有自閉症的試驗小組說，自閉症患者的症狀至少有暫時性的好轉；那裡有幾個憂鬱症受試者的情緒短暫高昂起來。但是至今還未曾有過什麼重大突破。成因和影響，這個古老的「雞生蛋、蛋生雞」的問題，在這裡一樣沒有解答。

前面我們已經說明過，微生物組的組成有賴許多因素共同決定。自閉症與憂鬱症

患者的飲食異於常人，他們沒有什麼朋友，也幾乎不去有人群的公共場所。他們的微生物組明顯異於常人，這會是他們生病的原因嗎？

如果這就是原因的話，植入健康糞便並不會是解決問題的療法。

不過有個知名的例外。病人的復發性腸炎若是由艱難梭菌（*Clostridioides difficile*）所引起的，那麼目前為止，事實證明糞便移植是非常成功的治療方法。

艱難梭菌所引起的腹瀉是一種嚴重的出血性腸炎，尤其容易發生在醫院裡。百分之二十到四十的住院病人帶有這種細菌。一個菌種繁多的健康腸道菌群通常可以抑制艱難梭菌，但是如果因為服用抗生素而破壞了腸道菌群，艱難梭菌就會開始造反，製造出能使腸胃發炎的危險毒素。有些病人可能因此一命嗚呼。

一個健康捐贈者的腸道菌群，似乎真的有能力讓這個脫序的細菌束手就擒，並且教它重新做人。這真是激勵人心的結果，同時展現微生物研究可以有非常實用的成果。

# 親密關係的故事：細菌與性

只要一個吻，一對伴侶之間就能交換大約八千萬隻細菌。這個事實是由一位荷蘭學者發現的，至於，當時得知這項研究的人是否因此改變親吻行為，或者受到怎樣的影響，可惜沒有文獻資料保留下來。

這種大家沒預期到的微生物傳播，乍聽之下，讓人覺得相當噁心。但是從微生物學家的視角看來，這個至今尚未獲得充分研究的伴侶微生物交換，卻有著意想不到的好效果。

我自己觀察到，自從認識我太太以來，本人的牙齒健康改善了很多。這可能是因為，我嘴裡原本那些侵略性比較強的微生物，在跟她交換比較沒有那麼厲害的微生物之後，變溫和了。

目前已經有更多證據顯示，我們的微生物組——也就是所有在我們身上與體內居

住的微生物——具體影響著我們的健康情形與性生活，而醫師與微生物學家這才剛剛開始更深入了解人與微生物之間的親密關係。

顯然，同居伴侶皮膚上的微生物群會有一部分完全相同。這個事實的確定性甚至高到加拿大學者能夠在某個研究中，以百分之八十六的準確度判斷出在參加者當中，誰和誰有伴侶關係。

伴侶身上細菌族群相似度最高的地方在足部。一般認為在床上穿著襪子是不性感的，對這個事實是否有影響，現下還沒有人開始著手研究。

## 女人大腿的奧祕

值得注意的還有兩性之間的差異。女人皮膚上細菌的多樣性顯然遠遠超過男人。根據推測，最大的原因是女人皮膚的酸鹼值略高於男人。皮膚是人體最大的器官，在健康狀況下皮膚呈現弱酸性，決定的條件是油脂和汗液。一個略呈酸性的環境明顯是微生物覺得比較友善的生活空間。

不過這還是無法解釋前述這個微生物學上的奧祕。而加拿大的生物學家也發現，女人大腿上的微生物群特別明顯有性別差異。而且這個特性的準確性很高，在檢驗受測者的性別時，如果是靠這個身體部位的細菌判斷，正確性可達到百分之百。

在聚居密度排行榜上，人體的腸道和口腔高居冠軍和亞軍，第三名是陰道，排名還在皮膚之前。陰道是開放性的器官，陰唇剛好是微生物的入侵關口。一般情形下，一支乳酸菌防衛大軍會在青少年時期組建成軍，將不受歡迎的入侵者驅逐出境。

為了殲滅敵對細菌，防衛菌群會製造出各種物質，例如過氧化氫，該物質最令人熟知的用途是頭髮漂白藥劑。如果防衛軍潰弱了，一種特別可惡的壞蛋就會對我們構成威脅，這便是可怕的「厭氧菌」（Anaerobier）。

厭氧菌是不需要氧氣的細菌，在女性生殖器官裡可能會造成很多危害。在陰道裡帶頭作亂的通常是「加德納菌」（*Gardnerella vaginalis*），這個發音聽起來很可愛的名字跟它的殺傷力完全不成正比，妳會分泌異常、月經週期紊亂、發炎，甚至不孕，如果它在陰道內肆虐，後果就是這麼嚴重。

科學家們也發現，當女性的陰道菌群出差錯時，愛滋病毒暴露後預防性投藥

（HIV-Prophylaxe）的效果會明顯變差。

而陰道菌群怎麼會陷入這種境地呢？使用抗生素有可能是錯亂的成因。這種救急的藥物治療雖然殺死了壞東西，卻也同時連累那些有防衛功能的無辜好菌乳酸菌。

科學家最新識別出的另一種主要禍害是和男人發生無防護性行為。這裡指的並不是和固定男伴的無防護性行為，研究人員針對的是一夜情。有位從事這類研究的女性論述者稱這種性行為是「對陰道的襲擊」，從而引發了一場文化論戰。

這種措辭是有根據的，因為陰莖也許不像陰道一樣擁有那麼豐富的菌群聚居，但這個男性器官上同樣有微生物組，有自己獨有的微生物菌群，發生性行為時，這個菌群便會入侵女性的陰道。

## 陰莖：一個不被理解的身體部位

身為科學家，尤其是微生物學家，恐怕很容易失去魚水之歡的激情。他們可能會認為，性事以及伴隨而來的體液交換只不過是在交換數量龐大的微生物。射出的精液

中，每毫升有一千萬隻細菌徜徉其中，而在每一毫升的陰道分泌物裡，甚至可以檢測出一億隻細菌。

從研究人員的角度，實在很難決定到底下列何者比較迷人：女性陰道菌群在面對一夜情男伴時的猛烈自衛？還是親密伴侶間令人驚異的微生物一致性？

在微生物學裡，陰莖是一個還未被充分理解的身體部位。雖然如此，我們確實知道一件事：沒有割包皮（也就是一般所說的包皮環切手術）的男性，包皮裡藏匿的細菌數量遠遠大於有割包皮的男性。

包皮裡聚集了微生物世界中所有想像得到的骯髒小伙子，只要輕輕一割，這些無惡不作的小壞蛋就會自動消失。

檢驗結果告訴我們，某些特定細菌經常扮演迎接愛滋病毒的親善大使，男人若做了包皮環切手術，在免疫力低下時生病的風險便會降低百分之五十至六十，至少許多研究都這麼說。這在微生物學界是相當驚人的消息，因為一般來說，對微生物組採取的任何攻擊行動，都無可避免地帶來不良的後果，但是此舉卻剛好相反。

正常情況下，不論是男人或女人身上，私處菌群異常都會引起發炎，而免疫細胞

自然的反應便是趕忙過來加強抵禦，努力重新奪回控制權。然而有些免疫細胞的行為有點怪異，它們顯然會發送訊息給敵對的愛滋病毒，表達想被襲擊的意願。用微生物學家的專業術語來說就是，這些免疫細胞帶有所謂的CD4受體。

在不利的情況下，私處發炎會啟動一連串的災難性事件：發炎愈嚴重，跑來的免疫細胞就愈多。愈多免疫細胞盤據在病灶上，就有愈多內含CD4受體的細胞聚在一起。這些細胞聚集愈多，愛滋病毒就更容易入侵。

## 微生物的性行為：過程艱辛

所有這一切都導向一個問題：微生物的性行為。微生物學界認為這種生物是無性生殖，不需要性行為也能繁衍。在營養充足的情況下，一個細胞大約二十分鐘之內就能分裂成兩個天生條件一模一樣的細胞。就這麼簡單，沒有分娩的疼痛，甚至一滴汗也不用流。

有這樣的繁殖方式和速度，微生物能比地球上任何其他生物都要快速地在一個地

方定居下來。可是，這種高速繁衍的方式也有其缺陷：這是近親繁殖，而且目的只為了快速成長，生產出來的是無數隻完全一模一樣的單調群體，所謂的克隆（Klone，複製生物）。這樣的社會會卡在演化的兩難困境之中，因為一個物種的成功其實非常仰賴遺傳基因的多樣性。

正因如此，所以當一個死去的同種同志倒在路邊時，這隻微生物絕不會多想，保證吃掉同志的殘餘。只有這樣，才可能擴充自己的基因。這個過程在分子生物學裡稱做是「轉型作用」（Transformation）。

不過，對微生物來說，還有一種更直接的方式來傳承自己的基因，這種方式也比較接近我們對性行為的想像，教科書裡的專業術語是「接合作用」（Konjugation），隱約讓人感覺到，這完全不是一件浪漫的情事。

微生物行房的主要工具是「線毛」（Pilus），拉丁文 Pilus 的意思是「毛髮」，暗示以此為名的附加物通常會讓附著的本體增加好幾倍的長度。說這是羅馬人用的 Pilum（翻譯為長矛或飛彈）也很合適，因為這個行為其實相當粗暴，就像用一支鐵爪鉤將性伴侶鉤過來，然後用長矛般的陰莖刺進去。

支配方的細菌會利用線毛頂端的接收器來測定性伴侶的方位。這個行為的目的是，將這隻單細胞生物體內極微小的ＤＮＡ複製鏈（所謂的「生育質體」〔Fruchtbarkeitsplasmid〕，裡頭保存著自己的遺傳物質）轉遞出去，確確實實地強制送進接收方細胞內。

強勢的支配細胞要怎麼知道自己找到了一個適合的接收細菌呢？這在微生物學中仍然是一個謎。現在我們知道的是，被強迫接受的受害者緊接著就自己變成了獵人，想要用自己的基因物質去感染別的細菌。於是，之前無害的細菌遭受性侵後一個個變身成為可怕的復仇者，同時也對人類產生危險。對抗生素的抗藥性也能藉由新的遺傳物質來傳遞，因此接收方細胞在醫院裡構成很大的威脅。

新舊基因物質的結合突然產生出對人類構成生命威脅的病原體，像這類的轉變真的會發生，我們每個人都經歷過。一個特別具威脅性的例子是「腸道出血性大腸桿菌」（enterohämorrhagischen *Escherichia coli*，簡稱 EHEC-Bakterien）的感染風波，二〇一一年從五月到七月，在北德傳染情況尤其嚴重。當時大約有三千人染上出血性腹瀉，五十三人甚至因此死亡。後來終於查出病原體的來源是埃及的「葫蘆巴豆芽」

（Bockshornkleesprossen），從此以後，這種蔬菜便被貼上了壞標籤。

據猜測，最終必須對這起災難負起責任的是某種病毒，這種病毒也許在埃及某處，將某腸道出血性大腸桿菌菌株的強大毒性基因訊息，帶到另一種特別能附著在人類腸道的大腸桿菌菌株身上。就這樣，一種特別毒、特別兇猛的怪物細菌誕生了。可怕的是，這種毀滅性的混血複製軍團隨時都有可能出現。你們在閱讀這一行字的這幾秒，在世界某處，可能就有下一隻怪物病原體透過細菌的性行為誕生了。

順帶一提，前一節介紹過的生物膜在此時也扮演著非同小可的角色。在這種密度極高的微生物聚居處，單細胞更能快速、頻繁地找到適合的接收細胞，將自己的基因成功傳遞過去。

# 微生物界最可惡的十大通緝要犯（你家也遇得到）

據估計，生活在地球上的微生物大約有一兆種。比起人類只有一種，這些單細胞生物的多樣性明顯大很多。絕大多數的微生物對我們無害，其中大多數甚至是我們需要的，提供了很大的幫助。雖然如此，還是有一些害群之馬擁有破壞人們生活的潛力。

我從很多社交圈中得到的經驗是，大多數人喜歡聽令人毛骨悚然的病菌故事。這裡我提供給大家前十大最令人憎惡的病菌，它們是細菌界的壞孩子，居家微生物中的通緝要犯。

## 絞肉裡的敵人：沙門氏菌

要是讓科學家去選擇，要藉由一株植物、一顆星星、一種目前尚未被人知曉的恐龍種類，或者一種會令人拉肚子、討人厭的細菌，來讓自己的名字廣為人知，他會怎麼選呢？

對美國獸醫丹尼爾．艾默．沙門（Daniel Elmer Salmon）來說，他根本沒得選，因為他發現了沙門氏菌，這種細菌就自然而然地冠上他的姓氏，跟著他出名了。

在人們還不普遍將容易壞掉的食物冷藏的年代，沙門氏菌曾是非常可怕的傳染病，而那時，一般廚房和肉品處理工業的衛生條件也遠比現在來得差。在德國境內，一九九二年還通報有十九萬二千起沙門氏菌感染，到了二〇一四年就只剩下一萬六千起——比十分之一還少！

馬鈴薯沙拉和蛋沙拉是這種病原體生長的沃土，尤其若是長時間曝曬在夏日艷陽下。不過相較之下，以前更為普遍的傳染源是雞群，所以從二〇〇六年開始，歐洲負責下蛋的雞必須強制施打疫苗，可想而知，這個措施顯然能讓因沙門氏菌得病的機率

降低。

沙門氏菌和其他病菌（例如諾羅病毒）不同，它需要組建成一大群，才能揭竿造反，而一個團隊所需成員數量是幾萬至幾百萬。它們一成軍，你就有得受了。有時候只要幾個小時，嚴重的嘔吐和腹瀉就開始了。健康的成年女性和男性通常在幾天之後，症狀便會減緩消失。但是感染的人如果免疫系統不健全，或者是孩童和年長者，病情就可能會很嚴重。

我們若能夠注意一些基本原則，染病的風險就會明顯減低：容易腐敗的食品一定要冷藏，理想的冷藏溫度最好保持在大約攝氏四度。絞肉或提拉米蘇在陽光下度過一個下午，就可以請進垃圾桶了（當然是廚餘！）

沙門氏菌的旺季是夏天。在烤肉的時候，拿夾生雞肉的餐具去攪拌沙拉，無異於玩火自焚。叉子或肉夾在翻肉的空檔可以用熱水或洗碗精洗一下，有益無害。

這隻細菌特別容易被人們忽略的小心機是：沙門氏菌不只存在生雞蛋中，還會附著在碗裡！還有，很多人都不知道的是，除了家禽、鳥類之外，美洲鬣蜥、烏龜和蛇等爬蟲類都遭沙門氏菌高度滲透了。在德國，人們雖然很少把這些動物吃下肚，但是

我們喜歡把牠們當作有異國風情的寵物養在家裡。

## 一中全中的諾羅病毒

諾羅病毒真的是一個家庭病毒，當家庭成員中有一人感染到這個病毒時，全家都會生病。我們絕對可以相信這個經驗法則。

如果孩子在幼稚園裡已經像噴泉一樣嘔吐不止，那麼只有一個緊急措施才能讓其他家庭成員有一絲絲不遭傳染的希望：把小孩關進地下室隔離。身為三個孩子的爹，我知道自己在說什麼……

諾羅病毒若是殺手，它應該可以在幾個月內就將人類消滅殆盡，它的構造就是這麼完美。它能夠在高溫下存活，低溫也奈何不了它，還可以埋伏在門把、扶手和玩具上，在任何平面上存活數個星期之久，而且只需要十到一百個同伴，就能引發感染，這個數量真是少得可笑，也就是說，我們只要在距離諾羅病毒患者二十公尺遠的地方看他，而且只用一個眼睛，就會被傳染了。

但是，這還不是最糟的。好吧，如果你有小孩，整個家可能就會失序好幾天：首先你得密切照顧、關注那個上吐下瀉像關不上的水龍頭的小孩。當小孩恢復健康了，需要你全心陪伴他時，你可能自己也需要躺平兩天——這會累死人！由衷建議你：找人到家裡來幫忙，但是千萬不要告訴他，你生的是什麼病！

諾羅病毒最讓我著迷的一點就是，只要有一個人中招，就足以造成最大規模的損害！一名廚師遭感染，就可以讓公司的聖誕慶祝會成為牽動萬人的悲慘下場。

二〇一二年在一所東德的學校裡，諾羅病毒藏在中國來的冷凍草莓裡，一同被煮成燕麥粥用的糖煮水果，造成傳說般的大型感染。大約有一萬一千個小孩和青少年在中標之後，慘烈地跟劇烈的嘔吐搏鬥。

身體好的人若遭諾羅病毒感染，一樣不好受，但是並不危險。還有一個好消息要報告給大家：出於醫師和細菌學家都搞不懂的原因，諾羅病毒通常只在冬季下毒手。幸運的話，只要時機對，我們就可以在床上度過聖誕節，不必和家人團聚在一起了！

## 雞身上的恐怖東西：曲狀桿菌

如果世道荒謬到頒獎給最流行的細菌感染，那麼曲狀桿菌（*Campylobacter*）有很大的機會奪冠。雖然感染率一直在下降的沙門氏菌也是很受歡迎，但也許是因為這隻細菌的名字像「彎曲的小棍子」，所以特別琅琅上口又好記。

根據德國聯邦風險評估研究所（Bundesinstitut für Risikobewertung）的紀錄，在德國一年有七萬五千個曲狀桿菌確診病例。這數字在近幾年明顯直線攀升，大部分患者是年輕人，介於十八至二十五歲之間。專家對此有一個很明白的解釋：現今的年輕人對最基本的居家衛生不再熟悉。

舉例來說，曲狀桿菌是從雞肉散播出去的。很多人完全不知道這隻病原體有多麼危險。一開始，人會腸胃發炎，此時身體便產生抗體來抵抗，但不知怎麼的，有時候這些抗體卻會攻擊我們自己的神經細胞，最糟糕的情況便是引發會導致嚴重癱瘓的神經病變，即所謂的「格林巴利症候群」（Guillan-Barré-Syndrom）。

喜歡吃雞肉的人如果知道這件事，在廚房處理生雞肉時，就會把牠當成遭到嚴重

污染的物質來對待。所有跟這隻死掉動物接觸過的東西，要不是必須徹底洗刷乾淨，就是得丟進垃圾桶。絕對絕對不能做的事就是，烤肉時徒手將雞腿翻面，然後去跟剛進門的朋友握手打招呼。

最近很流行直接去跟酪農購買剛從母牛乳房擠出來的生乳。如果人人需要的牛奶能夠這樣從產地直接拿來生飲，我們還需要酪農業幹嘛？想繞過高溫殺菌程序的人，一定要認識一下曲狀桿菌這位朋友，它甚至會在牛奶中游泳呢！孕婦和免疫力較差的人，應該盡可能避免喝生乳。

## 可避免的輪狀病毒

孩子生病的時候，為人父母的常常會問：什麼時候是該去醫院的時候？輪狀病毒（Rotavirus）引發的症狀和諾羅病毒差不多，不太一樣的是，它主要攻擊較小的小孩和嬰兒。因為持續嘔吐和腹瀉，小孩尤其會因為嚴重缺水而加重病情。大概有百分之五十的病童必須因此住院治療。

但是因為新型嬰兒口服疫苗的問世，這種折磨現在很輕鬆就可以避免。和諾羅病毒不同，輪狀病毒株可以在實驗室裡人工培養，對發展疫苗很有利。

輪狀病毒也是只要少量就會害人生病。雖然如此，輪狀病毒和它家族另一個成員的傳染危險，還是有一個明顯的不同：輪狀病毒不會讓它的小受害者噴射般大量嘔吐，這就少了其中一個基本的危險源。

像輪狀病毒這類的恐怖份子，醫師給它取的綽號叫「髒鬼感染」——光是聽到這名字，就已經給人一種噁心皰疹的感覺，這話的意思其實是，在給嬰兒換尿布時，尤其容易沾染到輪狀病毒。此時，洗手這個最古老的衛生措施也能大大降低風險。

## 像雅努斯[1]的雙面細菌：大腸桿菌

沒有人是純粹的好人或壞人，這個事實如果也適用於病菌界，最具代表性的細菌就會是大腸桿菌。它是世界上最有名的細菌，也是大家最必須小心提防的細菌。大多數的大腸桿菌都是無害的，尤其它們乖乖待在大腸裡的時候，這是它們應該在

的地方。我們每個人肚子裡都裝著大腸桿菌，每一公克的大便裡有大約十億隻大腸桿菌。

這隻細菌的某些菌株假若跑錯地方，危險就大了。若跑到尿道，就會引發尿道炎。就生理構造來說，女人的尿道比起男人，和大腸出口真的靠得很近，所以女人比男人更容易得到尿道炎。

二〇一一年時，因為特別毒的大腸桿菌菌株污染了葫蘆巴豆芽，導致五十三人死亡。從此以後，腸道出血性大腸桿菌的縮寫ＥＨＥＣ就掛在所有人嘴邊了。比較少為人所知的，是縮寫為ａＨＵＳ的溶血性尿毒症候群（hämolytischurämisches Syndrom），這是一種會致命的疾病，發生在腸道出血性大腸桿菌感染後，病人會有血便及腎臟受損，後續甚至可能輕微中風。

除了腸道出血性大腸桿菌之外，我們所知的大腸桿菌菌株足以組成一支艦隊，它們的名字聽起來都像是聯合國的相關組織，例如ＵＰＥＣ（尿道致病型大腸桿菌）、

1 雅努斯（Janus）是古羅馬的兩面神。祂是門神，具有前後兩個面孔或四方四個面孔，象徵開始。

ETEC（毒素型大腸桿菌）、NMEC（新生兒腦膜炎大腸桿菌）、EPEC（致病型大腸桿菌）等等。

在德國，有數十人因為食物裡的細菌致死，就算是一大醜聞。但是大家都不知道，在發展中國家每年有上百萬人死於腸道出血性大腸桿菌，尤其是孩子，他們因為喝了遭糞便污染的水而死於嚴重腹瀉。

即使是在德國的醫院裡，這隻細菌也在為非作歹，它害嬰兒得腦膜炎，引發膀胱炎、復發性腸炎，尤其可怕的是血液中毒，也就是所謂的敗血症（Sepsis）。

但是也有反例。尼氏大腸桿菌（*E coli Nissle*）能遏止腸道發炎，還能對抗外來入侵菌。因此它被做成營養補充品和益生菌，成功擁有事業第二春。

## 變色龍：流感病毒

在拳擊運動中有一個術語叫「有效一擊」（Wirkungstreffer），意思是有效的直擊，讓人痛不欲生。二〇一七和二〇一八年間的流感季完全符合「有效一擊」的定

義，有三十三萬人感染，大約一千七百人死亡，這是很可怕的統計數字。德國境內的某些區域陷入緊急狀態，公車和火車停駛，因為太多司機生病臥床無法開車。公家機關必須臨時關門，行政事務停擺。醫院裡人手短缺，手術室關門，手術必須取消。

理論上，事情可以不必壞到這種地步，因為流感有疫苗可以打。但是令人氣惱的是，這病毒一直持續不斷變種，當下的疫苗總是趕不上流感季節的病毒發展，因此每每就有災難性的場面出現，就像上一季。

流感引起的併發症，在統計上實在不足為道，真的要說的話，大概只有很少數情況會因為很嚴重的細菌感染而引發肺炎致死。

很多患者身歷其中，卻依然搞不清楚流感和感冒兩者在概念有什麼不同。感冒的成因和流感一樣，都是病毒感染，但是病程沒什麼大不了，兩、三天後一切恢復正常。

流感卻是真正的有效一擊，它和我們即使重病也要踢著正步去上班的普魯士精神完全合不來。

你或許還記得一九九五年電影《刺激驚爆點》（*The Usual Suspects*）裡的經典台詞：「魔鬼所使用的最佳伎倆之一，就是讓人類相信根本沒有魔鬼。」這和流感真的太像了！「不過就一點點鼻塞。」很多人這麼說，然後拖著身體去上班，或者進工廠，雖然身體很不舒服。

邪惡的流感病毒以這種方式繼續擴散到更多受害者身上，而這些人也許只要一開始稍事休息，就不會造成這麼大的損害。

## 僵屍細菌：金黃色葡萄球菌

微生物界裡的金黃色葡萄球菌（*Staphylococcus aureus*）讓人想起金黃色的葡萄，但是我們能夠為這隻細菌說的好話僅止於此。

大約每三人中就有一個金黃色葡萄球菌帶原者，這隻細菌特別喜歡定居在人類的鼻黏膜。它若乖乖在家，就萬事太平。

假設這隻細菌穿過傷口進入我們的血液，就沒那麼好受了，這種病原體不是不可

能造成血液中毒。除此之外，金黃色葡萄球菌還有導致筋膜壞死的名聲，筋膜壞死的痛苦程度，和聽起來一樣可怕。患者的肉體會硬生生腐爛，由於抗生素時常無法對付變種的金黃色葡萄球菌，因此只有截肢一途，才能完全清除感染的肉體，挽救性命。

還有各種五花八門的疾病，始作俑者都是這隻細菌。金黃色葡萄球菌有能力扯裂我們紅血球裡的血紅蛋白，盜取裡面的鐵質。它還會導致皮膚膿腫、腦膜炎、肺炎以及尿道炎。

雖然如此，劇情大逆轉的時刻來囉！金黃色葡萄球菌有一個親戚，這位親戚最愛做的事，就是給它反社會的親戚好看。這位大善人的名字叫做表皮葡萄球菌（*Staphylococcus epidermidis*），是人類鼻腔裡的大王，會用一種特殊的酶來殺死自己的金黃色葡萄球菌表親。這是好消息，不太好的消息是：不是所有人的嗅覺器官裡都住著這位救世主。

## 祕密致病者：黴菌

英國的《觀察》雜誌（*Observer*）有一次針對名人展開調查，問他們：如果可以選擇的話，他們會想救活哪種已滅絕的東西？回答很令人吃驚，有人甚至說要救「禮貌」。

我不是名人，自然不會有人來問我，但是如果真的被問，我已經想好答案了：「讓十幾二十年前大家習以為常的簡單衛生習慣回歸。洗手是最重要的，以及良好的室內通風。」

謝天謝地，貧窮家庭住在沒有衛浴設備的房子裡的時代已成過去。但是我們也不必自己騙自己：很多房子都充斥著不健康的溼氣，原因是沒有給室內通風的習慣。後果就是黴菌滋生。麻煩的不只是床墊接縫裡的黴斑，還有悄悄在地毯下或櫃子後面擴散的黴菌，它們會讓我們很不舒服。

舉例來說，如果你在室內老是覺得眼睛灼痛或鼻水流不停，但花粉症的季節明明還沒開始，那你有可能正是黴菌的受害者。

在一般人的觀念裡，黴菌會致病的事實太不受重視了。一組蘇格蘭的科學家研究發現，黴菌每年造成全球將近五十萬人死亡。費解的是，在動物和植物界，黴菌和寄生蟲的毀滅性影響早就眾所周知，但是人類世界到現在還沒有能夠有效預防感染的疫苗，而且治療黴菌感染的有效藥劑，選項也是屈指可數。

## 噁心的寄生蟲：蟯蟲

這種寄生蟲真的很像那個我們大家都熟識的兒時遊戲：「我看到你看不到的」，尤其容易發生在孩子身上。我看到你看不到的，有隻白色、大約一公分長、像線一樣細的蟲蟲，正從你的屁股裡爬出來！

世界上所有人之中，大概半數人一生中至少遭蟯蟲寄生一次。這些蟯蟲常常被我們的孩子從外面帶進室內，因為孩子們真的什麼都去摸，而且他們也總是不聽話地把手指放進嘴裡。

蟯蟲是非常有礙觀瞻的問題，而且真的沒有人想要家裡有這種東西。雖然如此，

它的噁心程度和造成的傷害幸虧不成正比，因為它用肉眼看得見，而且只要一劑驅蟲藥就馬上見效。

## 孕婦的惡夢：李斯特菌和弓蟲症

女人在孕期和分娩時所承受的苦難已經夠多了，不是嗎？居然還有幾種陰險惡毒的微生物要來加重負擔，命運真的是太不公平了！也因此，對於像李斯特菌（Listerien）和弓漿蟲（*Toxoplasma gondii*）這類惡棍，再多的警告都不嫌囉嗦。

這兩種生物通常沒有危險，但對孕婦來說，這兩種害蟲的侵襲卻有可能招致非常嚴重的後果。

一般大眾不太知道李斯特菌，它應該算是對生存條件最沒有要求的生物了，連氧氣都不需要，能夠在營養極度貧乏的環境下存活。它會在大公司裡出現，但也活在橡膠墊片上、植物上、廚餘或者水裡。天氣多冷或多熱都不能奈它何——只有攝氏七十度以上的高溫，才能確定讓它死透透。

大家心中難免會浮現的問題是，大自然中為什麼會有這種結實堅固，同時又完全多餘的病菌呢？答案可惜只能留白。孕婦會受到感染，主要是透過飲用生乳、吃預先做好的沙拉，以及煙燻或醃製魚肉，這些食品都可能有李斯特菌附生，一定要盡可能避免。

建議要避免的，還有所有的生肉、貓大便，因為這些地方是弓漿蟲活躍的地方。人只要被這種生物寄生一次，馬上會產生免疫力。只有第一次感染發生在孕期會有可怕的危險，因為弓漿蟲雖然對成人無可奈何，卻對胎兒具有強大的殺傷力。

## 歷史悠久的折磨：疥瘡

有獎徵答：要是人們知道，拿破崙也曾為這種寄生蟲造成的皮膚病而困擾，能給想像得疥瘡的痛苦增加多少吸引力？

拿破崙應該是在戰場染上疥瘡的，據說自此之後，他便開始有潔癖。長久以來，疥瘡都被視為墮落和骯髒的象徵，但這不過是沒有根據的民間傳說。這種寄生蟲喜歡

乾燥的皮膚，但不一定是骯髒的皮膚，任何人都有可能感染疥瘡。蜘蛛般的微小疥蟎蟲會躲進手腳指甲間的皮膚裡，在手肘和胳肢窩這些地方活動，也很愛定居在性器官。

如果使用現在常見的 Skabies[2]（*Skabere* 是「抓」的拉丁文）這個專業術語，那麼這種寄生蟲入侵聽起來就比較沒那麼嚴重了。

但是顯然，人們本來以為這種讓人搔癢難耐的疥瘡已經絕跡，沒想到現在居然敗部復活。根據巴瑪健康保險公司（Barmer-Krankenversicherung）的報告，二〇一六至二〇一八年間，得到疥瘡的人數由三萬八千上升到六萬一千個案例。這麼大的差異，從人們對百滅寧藥膏（Permethrin）持續成長的需求中，也可看出端倪。這種藥膏可以在幾天內消除疥瘡，你完全不需要像拿破崙一樣突然開始迷戀漱洗。這位戰場上的英雄甚至還試過用水銀溼敷來治療，效果遠不及百滅寧藥膏。

2在德文裡，疥瘡的俗稱是 Krätze，應該是由 kratzen（意思是「抓癢」）演變來的，作者的意思應該是指，原本用 Krätze 來指稱這種寄生蟲疾病，比現在使用 Skabies 這個專業用語，讓人更能直接感受到這病帶來的不適感和搔癢感。

# 第二章

# 微生物最愛成群結隊

# 衛生假說

我就直接問了，你怎麼避孕？哦，不不不，和你現在腦袋裡所想的無關，不是這個。我們這裡要討論的，當然是衛生方面的問題。而這裡的衛生問題，也不是某些人會誤以為的打掃藝術，而是指如何預防感染、如何促進健康與保護健康的準則。

海姬兒（Hygieia）在希臘神話中是阿斯克勒庇俄斯（Asklepios）的女兒，而阿斯克勒庇俄斯自己則是醫神。海姬兒也遵循家族傳統，在健康保健的相關行業裡工作，擔任藥師的保護神。而且，她的名字 Hygieia 被當成了乾淨整潔的最高指導原則[3]，不論是在家裡、地鐵裡或者工作場所，只要有不衛生的地方出現，一定要迅速處理乾淨。

但到底什麼是「衛生」呢？一定有些人是少了消毒劑陪伴，生活就過不下去。像這樣高度戒備，獲得好處的只有化學工業，這產業不斷提供給我們毒綠色或霓虹黃的

混合清潔液，同時以這種方式將「家可以無菌」的幻想傳遞給人們。

## 容易被感染的國家

本書的讀者女士和先生們早就已經知道：無菌是一件不可能的事。我們和上千種不同的細菌生活在一起，光是廚房菜瓜布裡，就住著幾十億隻微生物（下一個章節會詳細講述）。我們總是受它們包圍，甚至在自己住家的私人角落裡。好噁！

可是，真的有這麼糟糕嗎？

這還用說！那些「傳統派衛生學者」主張，不論在醫院或是家裡，殺菌措施絕對不容妥協。雖然蓮蓬頭上的退伍軍人菌（Legionellen）、壁紙後面的黴菌，或者冰箱裡的沙門氏菌不會讓精力充沛、身體健康的人生病，但這樣想恐怕是想得太簡單了。

因為，德國人愈來愈容易受到感染了。這怎麼可能？到了二〇四〇年，德國六十五歲以上的人口將達到兩千三百萬。就連現在，即使是年輕的病人，若要他在

3 Hygieia 等同於 Hygiene（衛生）。

醫院待上一段比較長的時間，也會害怕。歐洲疾病預防和控制中心（European Centre for Disease Prevention and Control）認為，在德國醫院，每年有五十萬人因為細菌的關係，導致所謂的「院內感染」（nosokomiale Infektion），大概一萬五千人因此死亡。也有其他數據顯示，實際死亡人數比這個統計數字還要高出一倍。

血液中毒、肺炎、尿道感染以及傷口感染，都高居這個恐怖排行榜的前幾名。我們保健系統的治療核心漸漸變成了一個令人害怕的地方。

自從國家和私人的健康保險規定，所有病人一律一個案例付一次平均價格之後，因為看病費用高，愈來愈多病人選擇在家休養不住院。二〇一五年時，在家休養人數幾乎達到三百萬人，而且顯然仍然在增加當中。

因此，在家中採取有效的消毒措施愈來愈重要。怪異的是，大家的衛生觀念處在一種非常分裂的狀態。一方面，社會普遍瀰漫著對細菌和病毒的恐懼，甚至已經達到病態的程度，我們對致病微生物的憂慮，反映在熱銷的清潔和消毒用品上頭，這一點在每一家藥妝店都能觀察到。

另一方面，最基本、經證實能有效防止有害細菌的行為，卻遭到人們的忽略。每

個有孩子的人都知道，教小孩養成規律洗手的習慣是多麼累人的一件事。為了躲避這個討厭的程序，狡黠的小孩將水龍頭轉開幾秒，假裝做出洗手的動作就算完事了。我的感覺是，現在連大人對洗手也都這樣敷衍了事。

近三十年來，衛生科學研究的世界一直受到一個新觀點的挑戰——「我們和我們的孩子生活在一個太無菌的環境裡嗎？」這個新觀點顯然搞得久經考驗的舊觀念天翻地覆。

## 欠缺磨練的免疫系統

一九八九是歷史性的一年，不只因為柏林圍牆在這一年倒塌，大約在相同時間，一篇由大衛．斯特拉坎（David P. Strachan）撰寫的論文引起了眾人的關注，而且不只是專家學者，連一般大眾也很感興趣。因為這位英國籍流行病學教授所說的，和每個人都有切身關係，他宣稱，西方文明世界打造出無菌的房子，居住其中的小孩將在未來成為病人。

乍聽之下，這句話是自相矛盾！但是斯特拉坎證明了，童年時期因為菌種貧乏而欠缺磨練的免疫系統，將在日後以人們最不希望的方式反映出來。斯特拉坎在三十年前當然也已經注意到，城市居民愈來愈少生育孩子。

這位流行病學家估計，若從「在容許範圍內彼此傳染病菌增強抵抗力」的角度來看，一個家庭裡只有一到兩個孩子顯然太少。斯特拉坎提出，在醫院等級的清潔條件下長大的人，明顯無法對氣喘、花粉症和過敏產生抵抗力。

可想而知，傳統的衛生學家覺得自己倍受挑戰。而且，專家和普羅大眾將斯特拉坎的觀點奉為「衛生假說」（Hygiene-Hypothese），彷彿這個倫敦來的自然科學家就是此重要議題的最高解釋者，也讓傳統學者不是滋味。

一個有趣的細節是，在斯特拉坎的論文裡，「衛生」這個關鍵字只出現在標題，僅只一次，文章裡完全沒有使用到。而且，有沒有可能他還只是為了押頭韻[4]，才使用 hygiene（衛生）這個字：「Hay fever, hygiene, and household size」？

時至今日，他的假設仍被視為直覺上的真理：我們這種現代生活是不自然的，以前，一大群小孩在街上跟貓、狗一起東奔西跑，嬉鬧玩耍，並且經常生病，才是比較

好的。

過去是不是真的如此、不是人們想像出來的？這個問題我們先放一旁。衛生假說出現二十年之後，鹿特丹伊拉斯謨大學（Erasmus Universität）小兒科醫師約翰・德・雍思特（Johan de Jongste）駁倒了該假說的基本假設，他選出大約三千五百名孩子，甚至也選了還在媽媽肚子裡的孩子，針對他們進行了為期十年的研究。

## 早年受感染不會讓人抵抗力比較好

該研究的用意，不只在於了解孩子幾歲可以開始交給幼兒園照顧，也研究了孩子有幾個手足比較好。一開始，斯特拉坎的假說似乎得到證實：出生後頭兩年都由托育機構照顧的孩子，呼吸道感染的次數確實比留在家裡的孩子多一倍。

而有手足的孩子，感染的風險甚至提高到四倍。但是這些早期的折磨絕對不會像所謂的衛生假說宣稱的那樣，為我們磨練出強健的體魄。研究人員在這些幼小的研究

4 押頭韻（Alliteration），此處是指 hay、hygiene 和 household 都是 H 開頭。

對象八歲時做了最後一次檢查，結果顯示，托育機構長大的孩子和在家中照顧的孩子，同樣容易受到過敏和氣喘的侵害。

雖然如此，質疑現代衛生標準的這一派仍然欣欣向榮，因為於此同時，有條件限制的衛生假說被所謂的「老朋友衛生假說」（Alte-Freunde-Hypothese）所取代。這理論的名字這麼友善，大家可能會想，它一定有個什麼道理吧。

代表這派理論的研究人員發出非難，宣稱如今我們和很多微生物老朋友（像某些特定細菌，或某些腸道寄生蟲）都斷了連結，背後原因不是流行病學家斯特拉坎所假設的不生小孩、進步的個人衛生與家庭衛生。招致嚴重後果的反而是近幾十年來，西方世界的人們為了保護自己免於遭到有害微生物侵襲，親手打造出大片缺少細菌的區域。

其中也包含了飲用水，以及空氣清淨機送出清新的空氣，這些統統都是人類史上前所未見的享受。雖然現在的食品安全仍然可能有疏漏，例如二〇一一年腸道出血性大腸桿菌的疫情，但是比起一百年前、甚至是五十年前的的食品供應，今天我們在超市裡買到的高度加工食品，真的已經沒什麼威脅性了。

## 以化學方式一舉殲滅是誤入歧途

我們似乎已經打造出一道完美的防護牆，來對抗大自然的侵襲，儘管如此，卻愈來愈常有人的免疫系統嚴重失調。「老朋友衛生假說」的擁護者會說：這就是原因！當然，環境污染、壓力和肥胖等問題也有某種程度的影響。

愈來愈多證據顯示，使用強效化學藥劑殲滅我們周圍的微生動植物群，並不是一個聰明的策略，尤其在不是為了預防疾病，或者什麼具體原因的時候。

長久以來大家都知道，許多不會致病的微生物對人類的幫助很大，例如增強我們的免疫系統。微生物研究的一個關鍵所知是，我們的免疫系統其實不是防禦機制，反而比較像跟微生物合作的溝通系統。溝通若只有單向，會是多麼令人氣餒沮喪，相信每個人都清楚。

然而遺憾的是，殺菌清潔劑、消毒劑或抗生素，仍然魯莽草率地將好菌給殺死了。此時，種種跡象明顯透露，好菌絕對能夠幫助我們對抗壞菌。

舉例來說，義大利微生物學家已經證明，在醫院裡使用化學清潔劑清潔物品表

面，充其量只有短期效果，中期來看反而招致危險。超過百分之五十的病原體在短時間內就會回歸，而且和漫威漫畫裡的綠色生物浩克一樣愈挫愈勇！

壞菌會發展出對抗化學藥劑攻擊的能力，之後就再也趕不走了。清潔打掃時，使用含有活菌的益生菌藥劑，遠比化學製品來得有效。研究人員用一種含有三種活菌的酊劑來對付院內壞菌，發現細菌清潔大隊會積極進攻敵對的單細胞，並且大獲全勝——自此之後，百分之九十的致病細菌都無法捲土重來。

## 我們的家是微生物的公社

像義大利學者那樣吸引人的研究，也許可以促使人們用一種全新的方式，來理解自己度過大部分時光的生活空間：住家。有個美國的前驅性研究，從四十個相異房屋裡的各個角落採集了樣本，檢測後發現，總共遇上七七二六種不同的細菌，跟人類腸道裡找到的菌種多樣性差不多。

另外，在門的表面和電視機上發現的微生物種類最多，可能是因為這些地方容易

積灰塵，而且不太常清潔。這些室內微生物的食物來源，主要是人類和其寵物，但是空氣、室內灰塵、飲水以及我們鞋底的髒污，或者從外面帶進來的食物，都共同餵養著這個龐大的微生物王國。

從這個角度看來，將自己的家，理解成腸道裡那個幾乎一刻不得閒的忙碌世界，不是很合理嗎？一個錯綜複雜的微生物群體，它們以此為家，是我們健康快樂的大功臣。

「向你們的共生體（Symbioten）致敬吧！」二〇〇三年時，獲得諾貝爾獎提名的美國生物學家傑弗里．戈登（Jeffrey L. Gordon）在一篇學術論文中這麼呼籲。在十五年前，替我們的腸道菌群請命是一個獨特且大膽的舉動。如今，我們已經知道，細菌、病毒以及寄生蟲對人體健康扮演多麼重要的角色。也許現在也該是時候喊出：「尊重你們的微生物房客！」這個同樣大膽的要求了。

我們被與我們身體互動密切的微生物網絡包圍、進駐的觀念，在半世紀以前根本無法想像。但是，一棟房子或寓所為什麼就不能有自己獨特的微生物組呢？

雖然距離破解人體微生物組的奧祕，還需要一段很長的時間，但是微生物學家早

已看到了另一個新的研究領域：人造環境微生物組（Built-Environment-Mikrobiom）。「人造環境」（gebaute Umwelt）指的是一切經由人類所打造設立的環境，地球表面沒有冰雪覆蓋的地方，大約有百分之六由住宅、醫院、辦公室、超級市場、工業區、體育設施、飯店、游泳池、火車站、汽車、火車和地鐵所佔據，連潛艇和位置偏遠的研究中心和太空站都屬於人造環境。

人類在約莫兩萬年前開始定居，於是有了這類棲息地的出現，而且這種極度多樣化的生活空間一直在持續擴展當中。工業化國家的人民，大概百分之九十的人生都在室內度過。因此，將研究焦點放在對我們健康如此重要的生活空間，現在是時候了。

## 我們的家是氣候最極端的區域

若在課堂上問學生，地球上氣候最瘋狂的地方是哪裡？我們可能聽到北極、亞馬遜地區或戈壁大沙漠這類的答案。但誰想得到，我們在自己家裡創造出來的氣候，在自然界裡永遠不可能出現？

假設在一個冷得什麼都會碎掉的冬日早晨，室外溫度攝氏零下二十度，我們開窗透氣十五分鐘。接著關上窗戶，打開暖氣將室內溫度控制在舒適的二十五度。我可想不到地球上有什麼地方，可以在這麼短的時間內，達到四十五度的溫差。

再舉一個例子。在這麼有衝擊性的開窗透氣之後，家庭成員團聚桌旁開始吃早餐。麵包屑掉在桌子上，接著是果醬和起司抹醬，然後一坨奶油掉到地板上，另一邊也沾上炒蛋。早餐結束，一家之主下令將殘局收拾乾淨：用熱水，再噴上一點適量的中性清潔劑。就這樣，剛剛還營養過剩的棲息地，轉眼成為化學清除過後的沙漠。在自然界中，我們不可能找到這種對微生物來說，前一刻還是極樂天堂，下一刻便成為死亡峽谷的地方。

在人造環境中，很常看到這種極端的環境條件（在一塊小空間裡，環境差異極大且變動不定）。這種擺盪給微生物構成了很大的壓力，只是研究人員目前還不知道，微生物會因此惹出什麼事端來。已經有令人不安的假說出現：這種狂野、變化極端的環境條件，可能會養出無人能擋的超級細菌。

這個過程很可能老早就在進行中了。創新派的微生物學家認為，室內微生物會和

我們一同演化，就寵物一樣，而兩萬年的時間，對這樣的演化來說綽綽有餘。

可是我們對微生物的基礎認知仍然貧乏得可憐，就像處在巨大的探井中，手裡卻只有一支小手電筒。人類有能力飛上月球，有能力移植心臟，但是對於我們的同居者躲在盾牌後密謀著什麼，卻只有非常有限的想像。

## 好菌對抗黴菌

觀察動物的世界可能會有點幫助。對許多動物而言，牠們組建的微生物群落非常重要。蚯蚓在攝取營養時，也經常會利用到微生物，它們會將葉子拖進洞穴中，然後讓已經等在那裡的細菌預先消化。我承認，像這種體外的消化腸道會給我們的居家環境製造髒亂。

切葉蟻也受到微生物很大的恩惠，在巢穴裡，它們會放任切下的葉片長出一片真菌園來餵養自己。很多花園主人會在嚴格分區的英式草坪中，留下一小塊有機生態區做為森林和草地居民的遊樂園。我們能否想像，在你我家中也留這麼一塊保留地給微

生物群呢？

衛生專家通常會提醒民眾，要特別注意家裡的「重要管控點」（Critical Control Points），那是必須特別仔細打掃、注意是否可能有致病細菌的地方。照這個概念，未來我們也可以想像有「關鍵接觸點」（Controlled Contact Points），做為我們和好菌相處的指定地。

去未來實驗室裡瞧瞧微生物如何操持家務，你會聯想到詹姆士．龐德電影：英國祕密情報組織M16的〇〇七探員，從Q先生那裡拿到稀奇古怪的武器，然後坐進奇特跑車。你將看到，如果家裡變得太潮溼，好菌處理過的壁紙可以與正要發芽的黴菌抗衡；地毯能培育有價值的好菌，所以我們和孩子在地上滾來滾去時，等於是在接種疫苗。

腸胃出問題的病人若進行糞便移植，經常有奇蹟般的結果。也許有朝一日，我們能夠將整套的健康室內微生物組轉移到一個衰敗的環境裡，做法可能是，將健康的黑森林農莊灰塵送去柏林的住家後院。

即使是現在，在醫院裡設置「微生物組復健房」的想法也已經出現了，動完手術

的病人可以在裡面補充、修復自己的微生物群。

這一切也許都要寄望在未來，但是有一個認知已經非常明顯：我們應該要比以前更加尊重和愛惜家裡的微生物群，不能學川普的所作所為，不能猜想家裡哪裡有衛生問題，就以引爆原子彈來解決。

記得漢斯—迪特里希・根舍（Hans-Dietrich Genscher）嗎？他在一九七四到一九九二年間擔任德國外交部長，老是穿著一件黃色的西裝背心，外交手腕精湛，總能化險為夷。他若站在我們的立場，會說：反微生物策略和益生菌策略兩者間必須小心處理，保持平衡。讓我們建立權力的平衡吧！要當有手腕的外交家！這對我們的健康會很有幫助哦！

# 廚房菜瓜布是世界上最大的細菌飯店

孩子們想養寵物，一點都不稀奇。他們的理想寵物是一匹迷你馬，養在花園裡，或者天竺鼠，都不行的話，老鼠總可以吧！但是在世界的一角，有個小男孩，養了名叫瑪歌（Margot）的寵物，瑪歌是一塊廚房菜瓜布。

小男孩的媽媽不但沒有被嚇到，反而在網路上公開她兒子對這塊塑膠立方體的愛。基於菜瓜布完整的生態系統，它確實可以當成寵物來愛惜，這是她提出的辯解。「對我們這些沒有寵物的人來說，廚房菜瓜布完全能夠扮演一隻狗或一隻貓的角色，至少它跟貓狗一樣有這麼多細菌在身上。」這個叫做約翰娜的女人認真嚴肅地說。

約翰娜頭殼壞掉了嗎？我既不認識她，也不認識她兒子，但是這個故事引起了我的興趣，因為會有這起廚房菜瓜布事件，我也難辭其咎。二〇一七年夏天，我和同事共同發表了一份研究報告，首度公開菜瓜布裡龐大的細菌數——一塊廚房好幫手每立

方公分，居住了不下五百四十億隻細菌。

## 細菌含量和糞便採樣裡一樣多

做個比較：據推測，自從二十萬年前智人出現至今，大約有一千億人曾經在這地球上生活過。而居住在兩立方公分大小的菜瓜布裡的細菌數量，比曾在地球上嬉鬧過的人口還多。要達到如此密集的生物量，必須在大峽谷裡堆疊三兆人才行。

世人有能力理解這個發現了嗎？直到在某篇報導裡發現了那個筆誤，我們才真正意識到，一般大眾對微生物世界裡的「多」或「寡」有多麼無知。

應該是 $5.4\times10^{10}$ 隻細菌，在報導中變成「我們發現，每立方公分的菜瓜布裡有 5.4×1010 隻細菌」。按照這個算式得到的細菌數是五四五四隻——在微生物學家眼中，這個數字少得太可笑了。但是有些媒體還是繼續引用這則報導，而且表現得非常驚異：哇！菜瓜布裡每立方公分有五四五四隻細菌耶！

但是最終引起騷動的完全是另外一件事：要找到其他地方擁有像菜瓜布那麼密集

的微生物數量，只有人類的糞便採樣了。

《紐約時報》的編輯顯然也是這麼想，她在這份研究發表幾週後，電話聯絡上我。我們必須知道，菜瓜布衛生這個議題在美國是一件非常嚴肅的事情，美國人對這件事的熱中程度，堪比對宗教的誠摯熱血。在無數網誌和 YouTube 影片裡，自稱專家的專家教起我們如何成功從微生物手中拯救菜瓜布。

《紐約時報》的編輯問我，怎麼辨認菜瓜布是不是該丟了？我想回答得風趣一點，於是說：「當菜瓜布開始自己走起路來的時候。」我不禁聯想到一部有名的恐怖片《鬼哭神號》（*Poltergeist*），其中一個片段是牛排像被施了魔法一樣，在廚房流理台上自己站起來走動。沒想到這編輯竟然當真，害我花了很長的時間跟她解釋，那不過是句玩笑話。

這則最終刊登在《紐約時報》上的小故事，其實是要以有趣的方式來回答一個有趣的問題：菜瓜布為什麼會發臭？正確解答應該是，因為有細菌界的名人奧斯陸莫拉氏菌（*Moraxella osloensis*）在場的緣故。這種菌會產生霉味，有時候，如果把洗好的衣服放在潮溼的環境裡，也會有這種味道。

## 美國恐慌，歐洲憂慮

我帶著被逗樂了又不可置信的混合情緒，從遠方看著該篇報導的撰稿人遭到讀者來信轟炸，因為該報導引起了眾人的不安情緒。

接著刊登了第二篇報導，雖然不安的情勢有稍微控制住，但我們還是必須正視一個事實：廚房菜瓜布就是微生物的熱點，衛生學家喜歡稱之為「重要管控點」。從專家的眼光看來，這些是我們在操持家務時，必須小心留意的棘手地點，因為此處隱藏著威脅我們健康的風險。

我不會以為只有美國人才會關注這個題目。在歐洲，這同樣惹得某些人驚慌失措。這個題目為什麼能吸引到這麼多注意力，是很容易解釋的。光是德國境內就有超過四千萬個家庭，而每個家庭，都至少有一塊（或兩塊，甚至更多塊）菜瓜布在逕自發臭。整個歐洲有兩億兩千萬個家庭，保守估計，總共至少是四億四千萬塊廚房菜瓜布。

單一塊菜瓜布當然很輕，在乾燥的狀態下，大約十公克重。但是四億四千萬塊菜

瓜布卻威力強大。

究竟是什麼讓這個廚房好幫手如此受到細菌青睞？我們在實驗室裡測試了十四種菜瓜布，從裡頭找到三六二種不同的細菌，多樣性之高，是我們以前對這類日常用品想像不到的。而從細菌數來看，一塊用過的菜瓜布裡，幾乎居住著跟人體一樣多的細菌（十兆隻）。我們真的可以說，瑪歌菜瓜布的確擁有它個人獨有的微生物組，這不是很令人讚嘆嗎！

在德國，像這樣一塊從超級市場買來的菜瓜布，通常都是人工材質如聚氨酯（Polyurethan）做成的。肉眼看不出來，但是在顯微鏡下就很清楚：這種材質有許多細微的孔洞，它們在菜瓜布內形成大量的表面積，為微生物提供了生長和擴張的空間。

除此之外，還有很多其他原因能夠解釋，為什麼菜瓜布是細菌的豪華飯店。如果飯店房間的天花板、地板、牆壁充滿溼氣，我們一定感到非常討厭。但是細菌愛死潮溼的地方了。有溼氣，就有免費的美食，也就是奢華的客房餐飲服務。滴落的優格、煎雞肉噴濺出來的油，經擦拭吸進菜瓜布後，都會變成病原體豐盛的大餐。雞肉殘渣

上、我們不太愛的曲狀桿菌便以這樣的方式入住這家細菌大飯店。

## 糞便裡的細菌經由沙拉葉進入菜瓜布

根據我的經驗，放棄肉食的吃素者會期待，自己廚房菜瓜布裡的細菌聚落不會那麼熱鬧。然而，這也要視情況而定。當然，附生在肉品上的壞菌給隔絕掉了，但是其他我們先前認識的壞蛋仍然進得來。

例如李斯特菌，它潛伏在植物性產品中。還有大腸桿菌，也會是水果、蔬菜和沙拉的問題。還記得嗎？二〇一一年因為葫蘆巴豆芽受到污染而爆發大感染，而葫蘆巴豆芽應該比較會出現在吃素的人家裡，而不是香腸迷或漢堡迷家裡。

灌溉沙拉葉和蔬菜的水如果遭到糞便細菌污染，後果不堪設想。沙拉葉菜就算沖洗得相當乾淨，但是靜置在水槽裡的清潔用菜瓜布，也可能會接觸到受污染的水。這是一個有趣的循環：糞便裡的細菌從灌溉水來到沙拉葉，然後經由這種方式進入菜瓜布。

在檢測菜瓜布時，一定會發現腸道裡的細菌，例如大腸桿菌。原因是，大腸桿菌在離開溫暖舒適的大腸後，仍然能夠存活一段很長的時間。

因為人們在廚房裡又煮、又煎、又烤的，這裡的溫度本來就容易比屋內其他地方高，而洗碗機和洗衣機更是升高了環境溫度。溫暖和潮溼並肩合作，剛好給細菌打造出完美的生活條件。於是，微生物便在這黃色、藍色、粉紅色的小小塑膠立方體裡成長茁壯。於此同時，我們卻還一無所知，不知道自己已經引狼入室了，因為菜瓜布骯髒到什麼地步，是無法光憑肉眼判斷的。

所以，我要告訴諸位一個赤裸裸的醜陋事實：如果你真的想確保安全，這個東西使用完一週後，就可以扔進垃圾桶，然後打開一個新的廚房小幫手包裝。只是，多年來我也學到了一件事：真相不容易被社會大眾所接受。有些人三到五年換一部車，眼睛都不眨一下，或者每個月大手筆添購新行頭，卻對菜瓜布有種怪異的吝嗇心態。而這種情況不僅發生在我居住的施瓦本州（Schwaben），整個西方文明世界幾乎比比皆是。

## 菜瓜布和老鼠的共同點

此時此刻，我不當微生物學家，而要來當心理治療師。我們都知道，要巧克力成癮的人完全放棄巧克力，既不切實際也沒有必要。但是如果我們改變吃的形式呢？不再時不時去偷吃一點，而是晚上正大光明吃一塊，犒賞自己，這不就是進步了嗎？照此邏輯，若有誰非得把自己的菜瓜布用到不成形，請便，我絕不阻止！

但也許還是有一兩種方法，可以控制得住廚房條件推波助瀾下默默繁榮的細菌大軍。最基本問題的是，廚房菜瓜布和老鼠有個共同點，兩者的生活適應力都極強。根據猜測，老鼠經歷原子大戰後還能繼續存活。我不是動物學家，不想竭盡所能支持這個理論，但我絕對相信，菜瓜布飯店裡的細菌聚落也能夠在原子彈襲擊之後倖存下來，就算不是全部倖存，也是很大一部分，而問題從這裡才開始。

清潔廚房菜瓜布的方法很多，清潔後應該也可以殺死大部分的細菌，絕對有一小部分特別頑強的微生物能在清洗後存活下來，卻是不爭的事實。一小部分的「小」，在這裡代表什麼意思呢？如果在清潔之前，我們估計有十兆隻細菌生活在菜瓜布裡，

那麼清潔之後大約會剩一千萬隻，是之前的百分之〇．〇〇〇一。一千萬名倖存者還是很龐大的數字，比柏林市民（三百五十萬人）多了三倍。而且我們要知道：倖存下來的細菌是特別頑強的一族，這才真的可怕。

我們的研究結果是，清潔過程剛好為菜瓜布裡的致病細菌提供了保護。事實似乎是，透過經常清洗，我們在菜瓜布裡逐漸養成了一支迷你卻頑強的細菌艦隊。

微生物學家早就已經熟識有「極端生物」（Extremophile）的現象。光看名字就可以知道，它們是在極端環境條件下也能生存的微生物，例如鹽海、酸性的池塘、火山泉和冰原等地。現在你猜猜看，地球上哪裡還有變化差異這麼大的地方？沒錯，就是我們的住家！

幾乎沒有別的地方擁有如此極端的溫度、酸鹼值以及化學組成差異。舉例來說，烤箱裡以攝氏二二〇度的高溫烤著披薩，但是幾公尺外的冰庫裡，卻以攝氏零下二十度冰著甜點冰淇淋。在自然界裡，幾乎找不到這種不到幾公尺就有二四〇度溫差的地方。

小小的空間裡環境條件變化如此極端，對多數微生物來說非常辛苦，很多微生物

就此歸西，但是有些細菌已經適應這種極端環境，因此，不管再怎麼聰明的清潔方式，都不可能將菜瓜布洗成無菌，至少在一般的居家環境裡辦不到。

## 乾船塢裡的菜瓜布

幸虧新出廠的菜瓜布裡沒有什麼值得一提的細菌，至少在我們的實驗室裡檢測不到。我在上某個電視節目時，突然想到我們能夠靠什麼方法讓菜瓜布裡的細菌乾涸。在科隆錄製這個電視節目時，我和一個攝影小組隨機去攝影棚附近不少人家按電鈴，索取他們的廚房菜瓜布。然後，我們在實驗室裡檢測這些菜瓜布裡有多少細菌，結果讓送檢菜瓜布的家庭咋舌不已。

甚至節目主持人也交出自己的菜瓜布讓我們檢測，而結果顯示，他的菜瓜布狀態最為乾淨。

不過，他在錄製節目前才剛度假回來，所以他所交出的菜瓜布是完全乾燥的，裡

面的菌群已經有好幾週的時間沒有得到營養了，這真是一個非常微妙的殺菌方式。我們或許可以想到這樣做：一次同時有好幾個廚房菜瓜布待命，輪流停用其中幾個，把它們送進乾船塢。

一再有人請我告訴他們清潔菜瓜布的方法。我曾寫過一張常見程序必殺清單（見第一〇五頁），但我也說過，這些方法中沒有一個能讓菜瓜布變得無菌。此時，我們面臨一個關鍵問題：菜瓜布到底有多危險？

答案是：「這要看……」，一個拖泥帶水、令人不太滿意的答案。如果你是孕婦，或因為生病或年長而免疫力差，那麼菜瓜布裡的細菌就有可能害你生病住院，在某些情況下甚至會威脅你的性命。

「如果」、「可能」、「有些情況下」……是，你說得對極了！情況當然也可能恰恰相反：你一輩子只用一塊骯髒的菜瓜布擦擦洗洗，然後什麼事都沒有發生。或者甚至更加好康：你的免疫力因此增強。根據我們上一個章節已經解釋過的衛生假說，這確實是可能的。粗略來說，這是一個在科學家之間已經流傳數十年的未定論。

## 一個方方正正的寵物總比沒有寵物好

有一派人一直在指出細菌的危險，並且歌頌現代清潔劑工業。然而，也有另一派人很懷疑，我們的住家是不是真的必須擦洗到完全無菌。後者比較相信，孩子們仍在泥地裡打滾、和豬羊在農莊裡玩耍的時代，才是理想的細菌生態。在那個時代也流傳著一些民間智慧，像是「髒污的東西能夠清潔胃部」或是「掉在地上不到五秒的東西都還能撿起來吃」。

憑親身經驗很快能拆穿這些民間智慧的真實性，但是，孩提時接觸豐富的菌種可以保護我們日後不會有過敏的毛病，這個假設就不是那麼容易證明對或不對了。說到這裡，我們又繞回瑪歌這隻四方形的寵物身上。我不是開玩笑的，從科學的角度，這個東西（它甚至擁有自己的微生物組）真的能夠完全填補寵物的位置，而且還有幾個額外的優點：這位小小朋友既不需要昂貴的飼料，也不需要貓沙，不會一直想出去，更不會把房子吠垮。等它的大限之日接近，我們也不用擔心會有昂貴的獸醫治療費掉到頭上。

我們的研究得到國際媒體關注之後，有一個很多話的加拿大男子聯絡上我。這個打電話來的人一開始顯得很激動，責備我把他做生意的點子給破壞了。怎麼說呢？

原來他想從加拿大開始，用合成材質的廚房菜瓜布征服北美市場。要了解這個，我們首先要知道，在北美，大多數菜瓜布的基礎材料是植物纖維，製作時會混入化學漂白劑一起處理，讓材質比較不會變質。纖維材質的菜瓜布和我們這裡的菜瓜布產品，長滿細菌的程度自然是毫無二致，但那個商人卻相信，他的商品不會那麼快就遭污染，而且，也不需要用到漂白劑。

我們拿合成材質的菜瓜布做研究測試，很可惜剛好證明了相反的結果。我對他感到有點抱歉。另一方面，透過這場對話，我又重新認識到商人的本質是什麼：對自己的產品有堅定的信心！

## 很棒的技巧，但是為什麼需要如此大費周章？

根據網路計量指標（Altmetric Index，此平台計算一個研究獲得的媒體關注度有

多高），二〇一七年最受關注的排行榜上，我們的菜瓜布研究排名第五十二，比研究恐龍、癌症新療法或者血拼讓人有幸福感都來得受歡迎。截至目前為止，總共有一百七十九個網路新聞平台報導了我們的研究。

如果套句影劇圈的術語，我們的研究就是一個低成本製作、卻意外賣座的鉅片。約五千歐元的研究經費，對今日的科學工作來說真的是小意思，雖然如此，我們還是免不了收到憤怒指責浪費公帑的來信。

這個研究告訴我，建議科學家相信自己的直覺。因為我們這次的經驗是，在準備階段時沒人看好我們。二〇一六年秋天在烏爾姆（Ulm）舉辦的德國衛生與微生物學年會（Deutschen Gesellschaft für Hygiene und Mikrobiologie，簡稱ＤＧＨＭ）上，我們用海報呈現了這個研究結果，卻乏人問津。大家的反應是：很棒的技巧，但為什麼偏偏用在菜瓜布上？

## 對付菜瓜布的十大最佳除菌方式（但是可能沒有什麼效果）

1. 丟進洗衣機（以六十度水溫，並使用全效清潔劑）
2. 用蒸鍋蒸（要高壓的）
3. 洗碗機洗（強力洗程）
4. 放進微波爐裡微波（菜瓜布要是溼的，加點洗碗精）
5. 泡在漂白水裡
6. 放在鍋裡煮沸消毒
7. 泡在醋或其他酸性溶液裡
8. 用洗碗精和溫水清洗，然後晾乾
9. 冰凍起來
10. 泡在乳酸菌製成的益生菌溶劑裡

## 反對生豬肉刺蝟（Mettigel）：世界上最危險的動物？

在德國聯邦政府剛成立不久的一九五〇年代，一場地下室派對裡誕生了這隻刺蝟。從胚胎階段到出生，快的話大概只需要二十分鐘。做好的刺蝟看起來很可愛，但一口咬下，就會露出它是粗食的真相。

它會傷害你，但問題既不是你可以選擇用新鮮洋蔥或撒有鹽粒的棒狀餅乾來代替的刺，也不是用絞肉捏成的嘴巴。讓這隻和氣的小傢伙這麼危險的，正是它天真無邪的表象和可口的外型。

誰將生豬肉刺蝟吃進肚子裡，就是用自己的健康在玩樂透。這個肉肉的小點心，代表的正是我們在處理食物時可以多麼不經大腦。

## 彼德肉刺蝟（Hackepeter）的災難：病毒性E型肝炎和沙門氏菌

聯邦風險評估研究所在二〇一六年二月公告：「在德國境內，有百分之四十至五十的飼養豬隻，和百分之二至百分之六十八的獵殺野豬感染病毒性E型肝炎，或者是病毒帶原者。」

棘手的是，動物並不會顯現病徵，人類則是在感染病毒之後就有肝炎的風險。

此外，彼德肉刺蝟是一個重要的沙門氏菌傳染來源。一萬至一百萬隻這種細菌就能讓我們生病。這個數字聽起來很大，但是因為這個小惡魔很愛分身，所以非常迅速就能達到。幼兒、年長者以及免疫力差的人，還有孕婦特別危險。如果感染了，會出現腹痛、發燒、下痢、噁心及嘔吐症狀。但是為什麼生的牛絞肉和豬絞肉是這麼危險的細菌來源呢？這和微生物對這類肉品的愛好沒有關係。

## 我們每日的肉品：腐爛的食物

絞肉是撕裂成小塊的肌肉，純蛋白質加上容易吸收的鐵，是我們人類也是微生物的美食。變成小塊的肉表面積極大，等於是先替微生物進行了咀嚼程序。如果無法維持二到四度的低溫冷藏，致病的細菌便會急劇滋生。

我們不能忘記，在購買肉品時，它基本上就已經是腐爛的東西了。動物在宰殺以及接下來的處理過程中，自然狀態下無菌的肉會接觸到數以百萬計的細菌。在冷藏溫度不夠低的情形下，細菌（例如沙門氏菌）數量每二十分鐘便會翻倍。絞肉裡單一隻孤獨的沙門氏菌，六個小時內便能夠增生為二十六萬二千一百四十四個同志。真是好事不成雙，壞菌一起來啊！

這種危險就算以短暫的煎炸，或者大量的鹽醃這些方法，都無法解除。唯一有幫助的，只有堅持核心溫度攝氏七十度，加熱兩分鐘以上。只不過，這樣等於是宣布生豬肉刺蝟的死刑了。

## 肉裡的細菌就是無可避免

一般來說，生肉裡一定含有細菌，不管是從超市還是肉鋪買來的，本質上並沒有很大的不同。大多數時候，肉鋪的肉給人比較新鮮的印象，然而肉鋪裡，絞肉機絞出來的肉，卻是被放入陳列櫥，並不是冷藏。專家說，這是「當日鮮絞」，甚至建議用保鮮袋來裝這個嬌客。

在超市裡，絞肉通常是冷藏的。此外，為了減緩細菌的增長，生肉的包裝裡通常會灌入大量的二氧化碳或氮。二〇一五年德國商品檢驗基金會（Stiftung Warentest）在一次抽查中發現，二十一個包裝裡有十一個檢測出有疑慮的病原體。

在這次檢驗的商品行列中，有機肉品比起一般商品，全都比較沒有出問題，意思是，有機肉品比較優良嗎？不見得。因為有機後腿肉和有機絞肉是跟一般肉品一起，在相同的屠宰作業條件下加工製作而成的。因此，同樣有傳播細菌的危險。用同樣可愛、同一個時代發明，但衛生上遠不如生豬肉刺蝟危險的起司刺蝟來取代，就不會有事了。

# 作亂的細菌就住在廚房

二〇一八年五月，一份澳洲的男性雜誌寫道：「為什麼如果你們在廚房流理台上愛愛，她會謝謝你？」文章主要是在描述，伴侶關係中已經僵化的習慣會讓熱情冷卻。當然，再次沒有人來徵詢我的意見。不過，以微生物學家的觀點來看，廚房裡的性事真的要考慮再三，因為整間屋子裡，再沒有哪裡的細菌比廚房多了，而且還是些壞菌。

如果光憑肉眼就能辨識出細菌，我們可能會失聲尖叫逃出廚房，然後躲到廁所裡長住。

在專家眼裡，廚房是最能看出一個家庭衛不衛生的地方。對許多家庭而言，這裡是全家人共同生活的中心，但是在這裡，致病微生物卻也同時從地上、水裡、空氣中攻擊我們。

夜裡赤裸裸地在白天料理雞肉或燻鮭魚的流理台上翻滾，可能非常危險，尤其是我們在清理檯面時，往往心不在焉又沒什麼耐性。致病細菌能夠在這樣的檯面上存活好幾個小時。

## 食物中毒的危險受到低估

正如我們提過的，數兆隻微生物居住在我們身上，和我們和平共處。另一方面，感染發炎卻又顯示，有微生物入侵我們的器官，引起器官的抵抗。有時候，我們對受感染沒什麼感覺，但又有些時候，身體反應的方式是嘔吐、下痢和發燒。

因為這些症狀通常幾天後便消失，而且一般都認為還在可接受範圍，所以很多人都不會去看醫生。這也就是為什麼很多由廚房細菌引起的感染都沒有被發現的原因。孩童、孕婦、年長者，還有所有大致健康但不知道什麼原因暫時免疫力降低的人，都有可能在感染後病情嚴重，甚至不排除演變成致命的疾病。

危險的來源最主要是，我們在廚房裡處理動物性和植物性食物。根據聯邦風險評

估研究所的資訊，在德國，每年大約有十萬起病例的致病原因可能是食物。而沒列入紀錄的數目可能有十倍以上。

一個人要因為感染沙門氏菌而中毒，需要一萬到一百萬隻沙門氏菌。糟糕的是，微生物能夠非常快速繁殖，早上八點在荷包蛋上的一隻沙門氏菌，到中午就能繁殖出令人中毒的數量了。

## 細菌才不管有機不有機

感染危險病菌的可能途徑之一是所謂的「糞口途徑」。這裡是指，我們從超市帶回家的食物中含有非常少量的糞便殘餘物，再怎麼警告也不嫌多，從有機商店買來的一樣有可能受到危險病菌的污染，可能灌溉植物時，灌溉水受到糞便細菌的污染；而肉品的話，細菌污染則經常發生在屠宰時。

如果沙拉葉還沒清洗，我們便動手去撕，雙手就有可能沾染上大腸桿菌。此時情勢便已相當危險，因為我們可能在無意間讓雙手接觸到嘴巴。於是，原來糞便裡的不

速之客，就這樣進入了我們的體內。

經常發生的也有所謂的「交叉感染」，是指乾淨的食物在廚房裡因為不乾淨的器具而沾染上有害細菌。

剛剛才切過生雞肉的刀，如果沒有徹底清潔過，絕對不要拿去切馬鈴薯或紅蘿蔔。誰如果覺得怎麼可能會有人這麼不小心，那麼你就錯了，就連電視都給錯榜樣。

## 不衛生的電視主廚

聯邦風險評估研究所出於好玩，在某次研究專題中審視了一百個電視烹飪節目的衛生水準，結果很慘。根據報告，電視烹飪節目每五十秒就出現一個清潔上的錯誤，而最常出現的錯誤，要屬拿髒髒的手往圍裙上抹，或者砧板根本沒洗就繼續用。

一旦犯下這種錯誤，受害者就會有得腸胃炎的危險，不過我們科學家用一個其實奇怪可笑的文字遊戲來掩飾這事實。那就是，從醫學的角度來看，我們不是細菌的「受害者」，倒比較像是接待它們來做客的「主人」。民間俚語對這種曖昧不明的關

係也有相應的說法：「什麼都當不成，就當主人。再不成的話，就當客人——給主人添麻煩的客人。」

## 餐中餐：我們一餐中的數十億隻細菌

二〇一四年十二月，美國微生物學家喬納森．艾森（Jonathan Eisen）針對食物和細菌發表了一篇論述精闢的文章，尤其是文章開頭的那句話讓我印象特別深刻：「我們糞便裡的微生物得到的關注，比食物裡的微生物多太多了。」一個非常平鋪直述，卻強而有力的真理。

艾森證明，一般大眾在每日進食時，連帶吃下了數百萬到幾十億隻細菌。舉例來說，若想遵照美國農業部的營養建議，你就必須吃很多新鮮未加工過的植物性食物、牛奶和全穀類以及瘦肉，而這些食物充滿了細菌和真菌。同樣的情形也適用於廣受喜愛、已經切好裝盒的沙拉。

意思是我們應該盡量避免這類食物嗎？當然不是！只不過，這些食物裡的偷渡客

對我們的健康是否有影響，現階段還不是很明朗。但即使我們想要食物無菌，也是絕不可能的。而且擁有無菌的食物可能也不是一個值得許下的願望，因為我們吃下的許多細菌可能對腸道菌有益。

那些對人無益的壞菌，我們先前已經提過了。壞消息是，沙門氏菌、曲狀桿菌、李斯特菌和大腸桿菌普遍潛伏在我們處理雞肉、鮭魚、生絞肉、生乳製奶酪以及生菜沙拉的各個環節中。好消息是，我們有能力控制這群流氓，而且不需要用到消毒劑或加強抗菌的洗碗精。

一般肥皂和合格的洗碗精已經綽綽有餘，它們能將細菌從碗盤上清除，並且破壞細菌由油脂構成的細胞膜，藉此達到抗菌效果。

掉在地上不超過五秒的食物不會沾上細菌？俗諺是這麼傳說的。這個問題的回答是，對，也不對，比較偏不對那邊，因為微生物的轉移是立即發生的，而接觸時間愈長，污染的可能性愈高。根據美國同儕所做的一項研究，最多數細菌依附在西瓜上，依附在小熊軟糖上的最少。

## 來自冰冷國度的細菌：冰箱裡的細菌

居家衛生觀念中最大的錯誤之一，就是認為不論什麼細菌，在冰箱裡都會被殺死。冰箱的運轉溫度一般建議是四到七度，但這只能抑制大部分細菌的增長速度，而且李斯特菌對此完全無動於衷，這隻壞東西能在冰箱裡預先切好的沙拉葉上生長，繼續繁衍茁壯。

冰箱裡的剩菜對所有種類的微生物來說，都是黃金樂園。即便是冷凝水，也有利微生物繁殖。打開冰箱的門，把奶油放進去，關上冰箱的門。打開冰箱的門，放進奶酪，關上門。這道程序在早餐之後可能要重覆好幾十遍。當冷空氣遇到熱空氣，如果冰箱因而開始產生微生物視為汪洋大海的潮溼水紋，也不足為奇。

你可以說我太小題大作，但我家養成的習慣是，用餐後先把所有需要冷藏的食物都收到冰箱前。在我們家，冰箱的門準確無誤地只開關一次。

除此之外，冰箱裡最大的細菌熱點是門上的橡皮墊。用簡單的多用途清潔劑定期清潔冰箱，會大大減少冰箱裡的細菌滋生，完全不需要什麼抗菌超級武器。

最後一個建議：對細菌及其同類而言，愈溫暖愈舒服。所以千萬要注意，一個超載的冰箱會讓冷藏效果打折，同時也會讓你自己超重。

## 該拿砧板怎麼辦

木製砧板比較好？還是塑膠砧板？這個問題在德國吵得沸沸揚揚，而且已經持續很多年了。

我知道，這個爭論未來幾十年還會繼續下去，即使我在這裡明確指出：在衛生學家的眼裡，砧板的材質根本就不是重點。

兩者各有優缺點。木製砧板不能放到洗碗機裡清洗，因為木頭很快會脆化。因此，塑膠砧板得一分。

但是木頭裡有天然的抗菌成分，可以抑制細菌的生長。所以，木製砧板勝出。

刮痕和凹洞在兩種砧板上都無法避免，就算下刀的技術高超也一樣。對微生物來說，砧板上的刮痕和凹洞都是它們喜歡附著的地方，畢竟這裡會有源源不絕的營養補

給。不過，和塑膠砧板不同的是，清洗木製砧板時木頭會膨脹，這些損傷處會被填補起來。木製砧板優點加一。

我很確定，還有各式理由可以反對或支持這兩種砧板。身為微生物學家，我無法明確推薦哪個好。不過，我還是主張，切肉和處理植物性食物，最好分別使用兩個不同的砧板。尤其重要的是，每次使用過後，一定要用熱水和洗碗精徹底清洗乾淨。

## 葡萄球菌拿鐵：細菌是怎麼跑進咖啡裡的

不是的，Coffee to go[5]這句話不是指「微生物在我們最愛的咖啡裡密集到可以自己走路的地步」。

我的同事狄克．布格姆爾（Dirk Bockmühl）在二〇一七年的一個研究中證明，他取樣的店家咖啡機和私人咖啡機中，幾乎四分之一有令人擔憂的多種細菌盤據，尤其是芽孢桿菌（Bacillus）、假單胞菌（Pseudomonas）和葡萄球菌（Staphylococcus）這幾種。這些細菌會導致肺炎和敗血症。而其中金黃色葡萄球菌感染尤其可怕，甚至會導

致心律不整。但是整體來說，細菌數量如果很少，健康的人一般不須太擔心。

若不想冒險，咖啡機的水箱和咖啡豆容器最好經常清洗，尤其是做拿鐵時牛奶流經的管道。烹煮時溫度高於攝氏七十度為佳，基本上對殺菌會很有幫助。

## 洗碗機的暗黑祕密

時不時提醒自己一下洗碗機的真正用途是件好事：它是用來清洗餐具的。至於盤子和杯子的除菌和消毒，並不包含在洗碗機的洗程裡。

加入強效化學劑雖然會讓絕大部分的邪惡細菌死翹翹，但是微生物學家在洗碗機裡卻愈來愈常發現一種異國真菌：皮炎外瓶黴（*Exophiala dermatitidis*），它比較為人所知的名字是外瓶黴（Schwarze Hefe）。這個病原體會引起人們注意，是因為它會造成皮膚病，而且會攻擊人的神經系統。

特別令人不安的是，根據醫師提供的資訊，皮炎外瓶黴也漸漸開始對免疫系統健

5 意思是「咖啡外帶」，不過直譯就成了「咖啡，走！」

康的人造成傷害。

這種酵母真菌（Hefepilz）的韌性極強，甚至能夠挺過洗碗機洗程中的鹼液沖洗。對它有利的是，很多使用洗碗機的人會將洗程設定在只有二十至四十度的節約模式，以此取代一般七十至七十五度的清洗溫度。

大多數細菌和真菌都依附在洗碗機門框的橡皮墊上。根據一項最新研究，捷克和丹麥科學家從二十四台洗碗機的門框橡皮墊中，檢測出一百五十種不同的細菌和一〇四種真菌——其中還真有不少壞菌。值得順帶一提的是，真菌和細菌之間維持著異常友好的關係，顯然團結在一起會生長得比單打獨鬥好。

我之前已經提過，德國廚房常有木製砧板好還是塑膠砧板好的爭執，對很多家庭而言，碗盤是洗碗機洗好，還是手洗好，一樣是個僵持不下的問題。

一九八八年過世的化學家賀伯．信納（Herbert Sinner）在幾十年前就已經在為專門製造清潔用品的漢高集團思考這類問題。

信納發展出一個至今仍適用的清潔魔術方程式「信納之圓」（Sinnerschen Kreis）。根據這個圓形，結合機械性、溫度、化學和時間一起作用的有效清潔程序誕

生了。若減低其中任一因素，就必須加強其他因素來補償。

相較於手洗，洗碗機擁有時間、溫度和化學這三種優勢。因為我們的手既無法忍受高溫，也不能泡在鹼性的水裡，而且我們也不想為了洗碗犧牲兩個小時的寶貴時間。

雖然如此，用手洗碗的機械性優勢卻有強大的彌補效果。因為比起洗碗機，我們可以更有目標性、更有判斷力地刷洗盤子和鍋子。

微生物學家的意見是，兩種方式都很好。家庭成員愈多，使用洗碗機，日子自然能過得比較舒服。一份二〇一五年的瑞典研究報告甚至顯示，用手洗碗的家庭，孩子比較不會有過敏問題，也許這是盤子上依附的細菌比較少的結果？

## 飲用水是幾乎無菌的優質產品

全球差不多有十億人無法穩定獲得乾淨的飲用水，每年大概有三百五十萬人死於糟糕的供水系統。這些數字顯示，擁有乾淨的飲用水供應真的是一種特權。在德國，我們有幸能免於許多傳染病，而自來水是國內管控得最好的民生必需品。

根據德國商品檢驗基金會的檢測，我們自來水的礦物質含量，甚至比許多廣受好評（當然也明顯昂貴）的品牌礦泉水高，而且瓶裝水裡的細菌還比較多。不過，我們的自來水也不是無菌的，每毫升水的細菌量控制在一百隻以下，致病的細菌除外。

正常情況下，自來水廠供應的家庭飲用水不僅品質好，而且還相對便宜，但是最終從我們水管裡流出來的水，卻是另外一回事，因為水管系統的狀態也扮演非常重要的角色。

在水管裡棲息的細菌數量龐大得無可想像。在潮溼的地下，五花八門的細菌進入生物膜共生體內，這種生物膜共生體是很難對付的。

## 地下的細菌

我們不具備用肉眼看見細菌的能力，真是謝天謝地！因為如果我們有這種能力，可能會將水槽錯認成馬桶。

屋子裡的這個重要地點，每平方公分都有十萬隻左右的細菌在此喧鬧。居家環境

裡，水槽的細菌量排行第二，緊接在廚房菜瓜布之後。

原因非常簡單：廚房裡所有的一切，只要成為廢物、垃圾，早晚都會投進水槽的懷抱。但是，比起馬桶，人們卻很少仔細清潔水槽，而且也不會使用那麼多化學清潔劑。

以為沖進下水道能就此揮別不受歡迎的微生物，這種不切實際的幻想其實太過草率馬虎。大量的細菌的確是跑到地下去了，只不過它們會集結在排水管中的生物膜裡。停留在那裡嗎？那可不一定。

研究顯示，雖然進展緩慢，但這些生物膜會持續從存水彎長上來，一直長到水槽濾水欄。當水龍頭一打開，它們就從這裡，以水滴的形式離心分離往上投射。歡迎回來，親愛的朋友！

## 廚房衛生十誡

1. 處理生菜時避免交叉污染。
2. 煮飯前後都要洗手。
3. 所有烹飪、清洗用具都要好好清潔，並且時時汰舊換新。
4. 冷藏時，一氣呵成不中斷。
5. 肉類加熱時，至少攝氏七十度以上持續兩分鐘。
6. 定期清潔洗碗機（門框橡皮墊也要！），不定時必須跑一下高溫洗程，乾淨的洗碗機門維持開啟狀態。洗程結束後，不要吸入打開洗碗機時跑出的水氣。
7. 定期清潔冰箱（門框橡皮墊也要！）東西不要裝得過滿，避免產生冷凝水。
8. 沒有必要使用特別的抗菌清潔劑。
9. 定期清洗水槽，包括排水口的濾欄。
10. 幼童、年長者、孕婦、免疫力較差的人必須特別留意。

# 為什麼廁所是對細菌沒有吸引力的禁區

馬桶說穿了不過就是一個讓人坐下來的地方，雖然這座椅不太以舒適為主訴求，但很多人還是喜歡把它弄得舒舒服服的。

根據一項英國研究，英國人平均每週在這個安靜的地方度過三個小時。受訪者在同樣的一週時間內，給健身房的時間只有九十分鐘。我強烈覺得，在西方世界的其他國家應該也是一樣。

花三個小時坐在馬桶上，這真是件值得注意的事，這個安靜的小空間一定具備很特別的吸引力。

「男人想靜一靜的時候，就上洗手間，女人則進浴缸。為什麼從來不反過來？」二〇一七年七月，在《南德日報》（*Süddeutsche Zeitung*）一篇值得一讀的文章裡，記者譚雅・萊思特（Tanja Rest）如此寫道。

她在文章中非常傳神地描述廁所為何如此引人入勝：「從這個家隱退意謂著，不只是將親愛的小瘟疫杆菌（Pestbazillen）[6]拒於門外，還可以一段時間不需要看見名為『伴侶』的親愛大杆菌（Bazillus）。」這真是一個談細菌的有趣角度啊。

## 馬桶戰爭：對抗病菌的化學噴槍

大多數人對馬桶的細菌之戰總是前仆後繼、義不容辭，屋子裡幾乎沒有其他角落會像這裡用上這麼多化學清潔劑。最典型的馬桶化學清潔劑讓人想起生化武器：清潔劑的基本成分有甲酸或鹽酸，用來溶解鈣質和去除尿石，還有殺菌。

為了讓清潔劑能夠附著在馬桶表面比較長的時間，好容許泡沫溶解污垢，所以裡頭添加了增稠劑和界面活性劑。色素的目的是讓使用者對這個清潔劑留下視覺上的好印象，而芳香劑則能減弱強效化學劑的刺鼻味，以及掩蓋典型的馬桶臭味。

這些殺菌攻勢的確發揮了效果，我們可能無法置信，房子裡幾乎沒有其他地方的微生物像廁所這麼少。和廚房裡的重要區域相比，馬桶座墊被清潔得簡直像銀盤一樣

亮晶晶。

在一項研究中，研究人員隨機從美國家庭的馬桶座墊上取樣，每平方公分僅僅找到一百隻細菌。在微生物學家眼中，這個數字簡直少得可笑。我們給一個比較值吧，在人類皮膚上，例如說胳肢窩，每平方公分就住著一百萬隻細菌。

然而，很多人只要想到必須坐到陌生的馬桶上，立刻覺得噁心。對廁所感到噁心是我們與生俱來的直覺，而且站在演化的觀點來看，別具意義，因為這種感覺能保護我們免受潛在危險的傷害。研究顯示，女人做為寶貴新生命的孕育者，比男人更容易對陌生廁所感到噁心。

讓我們這麼害怕的物質到底是什麼？無論如何，它總還是百分之百的有機產品，不是嗎？

每排便一次，平均排出一百公克重。但是，含菌量奇大無比：每公克有一百億至一千億隻細菌。光就數量而言，糞便對健康絕對是禍害。

6 此處指小孩。

衛生學家尤其害怕的是糞口傳染途徑，舉例來說，這種途徑會污染飲用水，為居民帶來災難性的後果。我們對飲用水的依賴程度有多大，觀察基礎設施遭地震或戰爭毀壞的國家就知道了。在那些地區，瘧疾最遲一至兩星期內就會爆發。下痢會讓受害者嚴重脫水，每天失去高達二十公升的水。一般來說，補充水分和電解質就能夠讓病人慢慢復原。但是如果缺乏這些處置方式，病患可能幾小時或幾天內就會死於循環衰竭。還有很多其他的腸胃道病原體是透過糞便傳播的，例如大腸桿菌或諾羅病毒。

因此，糞便會讓人感覺噁心確實其來有自，而且非常有必要小心應對這個自然的產物。

## 可怕味道背後的科學

糞便極度令人不快的味道對大腦來說猶如一記警鐘，但是，糞便為什麼會發臭呢？

排泄物的惡臭會讓人聯想到直腸的生存條件有多麼艱困。因為直腸裡的環境條

件，跟四十億年前細菌最近共祖（LUCA）所居住的地球差不多。

在這一段消化道裡沒有氧氣，微生物學家稱這種狀態為「厭氧」（anaerob）。在此狀態下，物質交換的過程是透過發酵和厭氧呼吸來進行。例如，蛋白質分解後，會生成氣味強烈的化學產物，如硫化氫、吲哚（indol），以及甲基吲哚（Skatol，又稱糞臭素）。我們攝取的肉類蛋白質愈多，排泄物的臭味就愈重。

肉類如何改變糞便刺激嗅覺神經的強烈程度，嬰兒是很好的觀察對象。停止哺餵母乳、嬰兒開始吃固體食物後，尤其是開始吃肉以後，尿布的味道會有戲劇性的改變。

## 坐在陌生的馬桶上……

經常有人問我，如果真的非得使用陌生廁所，我們該如何自處？我的第一個建議是：千萬別慌張！我沒在開玩笑。有些比較敏感的人在這種情形下，腸子會縮緊，那麼他更可能會胃絞痛或壓迫到痔瘡，而不是遭到噁心的廁所細菌感染。

現代的公共廁所幾乎不需接觸就能使用。不然的話，我的建議是，如果真的很急，體能又做得來的話，以滑雪半蹲的姿勢來上廁所。相對來說，用衛生紙包覆馬桶座墊是沒有意義的。

在折衛生紙時，手可能因此觸摸到馬桶座墊而受污染——而我們必須避免的，正是用手接觸到細菌，因為細菌一旦沾上手，會比細菌在屁股或大腿上危險，畢竟手離嘴巴很近。

除此之外，這種方式也不可能真正隔離危險的細菌，尤其是如果衛生紙因為坐得比較久而變得有點潮溼。而且，它還可能暗示了一種虛假的安全，讓人警覺性降低，你會想：「馬桶座墊已經用衛生紙包覆住了，我應該不用洗手了吧……」

## 洗手：被遺忘的美德

我們可能不太相信，但單憑洗手這個簡單措施，就能很有效地打破腸胃道感染或更嚴重感染無限傳播的循環。時下蔚為風潮的手部消毒液，根本沒有必要。

如果所有的人都有洗手的習慣，那麼門把和水龍頭就不會被接觸污染。然而，這正是問題所在。海德堡（Heidelberg）的科學家在二〇一七年的一項研究中發現，百分之十一的男性與百分之三的女性如廁後完全沒洗手。

更令人不安的是，根據調查的統計結果，百分之十八的女性與百分之四十九的男性洗手時不使用肥皂。然而，使用肥皂洗手正是能否清潔殺菌的重要關鍵。而且洗手的時候，手指之間的空隙也不能漏掉，洗手過程完全可以做足二十至三十秒。

不過，如果使用門把的人已經把諾羅病毒沾到門把上了，那麼先前所有的洗洗搓搓都是白費力氣，因此，關水龍頭時用面紙包住水龍頭，又或者出去時也用面紙包著門把，真的不用覺得自己太神經質。還有一個不太方便的方法，就是用手肘去開門。當然，我們也可以稍事等待，等到其他人開門，我們再跟著出去就好了。

## 為什麼廁所不是適合生活的空間

雖然我們懼怕所有排泄物一族，廁所卻是一個功能性設計的典範。所有對細菌的憂

慮，在這裡全被優雅地化解掉了。光滑如鏡面的瓷製馬桶讓水迅速流瀉而去，因此鈣質和排泄物幾乎無法附著。沖水結果不盡理想時，殘留物還可以用馬桶刷馬上處理掉。

一般而言，廁所這個生活空間對微生物來說，沒有什麼好留戀的，因此此處細菌稀少，不單是化學清潔劑攻擊的結果。舉例來說，馬桶座墊乾得快又十分平滑，在這樣的棲地上細菌幾乎無法生存。

和我們家裡的其他空間相比，廁所和馬桶涼涼的，水龍頭流出來的水，溫度約在攝氏十五度左右，營養物質也非常稀缺，畢竟誰會坐在馬桶上吃東西啊？雖然總還是有些人會將廚餘倒進馬桶，但還不至於有產生細菌的危險，因為食物進了馬桶，太快就消失在排水管裡。不過，用這種有問題的方法處置廚餘，可能引來老鼠。

即使是一般用來沖走排泄物的自來水，微生物在裡頭也幾乎找不到什麼營養。排泄物裡的細菌屬於所謂的「專性厭氧生物」（obligate Anaerobier），它們生長在大腸裡，那是個無菌的地方，只要一接觸到氧氣，很快就會死翹翹。

不出幾個小時，馬桶裡排泄物的細菌會由一種強壯的皮膚細菌菌群分解，這種菌群在乾燥、有氧的廁所環境中適應得非常好。不久前，美國分子生物學家才以公共廁

所為實例，以研究證實了這點。

但有一個例外，那就是大腸桿菌。這種再怎麼惡劣的環境都能堅持活下來的細菌很驚人，不論有氧可以呼吸，或者因為發酵作用沒有氧氣，都能存活。在腸道裡，大腸桿菌只不過是一個跑龍套的小角色，但它只要一離開腸道，就大事不妙了，若出現在錯誤的地點，就會導致尿道感染、肺炎、敗血症或者引起其他的感染發炎。

大腸桿菌在腸道以外的地方也能夠長時間存活，因為這種能力，人們給了它特別的榮譽：在做飲用水分析時，拿大腸桿菌來當作水是否受到排泄物污染的指標細菌。

## 馬桶內緣是細菌獵人的死角

對細菌來說，像廁所這種了無生趣的地方，也有它們集結休養生息、等著敗部復活的地方。

馬桶內緣是特別需要謹慎清潔的關鍵區域。這個死角因為經常有鈣質和尿結石累積，所以表面明顯比較粗糙，表面積也比較大，於是，微生物很容易附著在這裡。

例如拉肚子的時候，排泄物很容易就沾上馬桶內緣下方，因而產生了一個可能有沙門氏菌等壞蛋築巢的地方，它們能在此存活長達四個星期之久。網路上流傳著許多怪異、號稱能有效清潔此區的神奇配方，例如使用可樂或多種清潔劑的混合液。

對於這些很有疑慮的解決方案，我充其量只能說很有創意。講到清潔衛生，這些八竿子打不著的原料是沒用的。我們也不需要尋找什麼超級武器，一般慣用的多功能清潔劑就能夠妥善完成任務。

接下來還有一個好消息：以馬桶內緣下方為家的，主要都是些無害的水生細菌，致病的排泄物細菌在此反而是稀客。現代馬桶也推出無內緣的樣式，但是在選購我們新家的衛生設備時，太太卻堅持要買「老式」的設計。舊設計至少髒污看不見，眼不見為淨，她如此認為。

## 廁所裡的微生物組，獨一無二有如指紋

二〇一〇年，在漢高公司位於杜塞道夫總部的研發實驗室裡，身為微生物學家的

我和同事首度利用分子生物學的方法，分析了馬桶內緣下方的生物膜。而我們得到了，細菌群落在那些幾乎看不見的角落裡形成的基因指紋。

那個時候，樣本是同事們捐贈的，他們各自從家裡的馬桶內緣挖一點尿結石和鈣質的混合體過來。這些遞交出來的物質，變化著黑、灰、橘以及綠色光澤。

意外的是，裡頭沒有發現可惡的腸道細菌。除此之外，這項研究揭露了另一個令人驚奇的事實：微生物群顯然和它們的馬桶使用者一樣獨一無二，至少馬桶裡生物膜的組成成分證明了這一點。馬桶的狀態、水的品質、清潔習慣，當然還有我們與生俱來的人體微生物組，共同構成了廁所那獨一無二的微生物戳記。

## 腐臭味來自廁所空氣中的細菌

在某次的報社訪談中，記者問我，坐在馬桶上會不會懷孕？答案很簡單：可以！不過先決條件是，約炮要約在廁所裡。

在這裡感染性病的機率也超級低，理由是：引發性病的病原體通常都非常敏感，

只要一離開人體，不是馬上死掉，就是失去活動力。愛滋病毒也是這樣喔。

但是潛伏在廁所裡的怪異風險卻完全遭到低估。只是沖個馬桶，就可能將諾羅病毒吸入體內。各項研究顯示，沖水時，細菌會透過所謂的生物氣膠（Bioaerosols）飛濺空氣中，尤其在沖非常稀薄的排泄物或嘔吐物的時候。這些從馬桶裡噴濺出來的水花能夠散滿整個空間。研究人員測驗發現，連放在附近的牙刷都找得到來自排泄物的細菌。

乖乖坐著尿尿的男人們應該會對以下訊息感興趣：小便完，如果沖水時沒有蓋上馬桶蓋，尿液還是會濺滿整間浴室。

## 一篇關於廁所與我的小報導

一定要坐著尿尿，而且避免噴濺！這與女性主義無關，是衛生問題。

廁所衛生紙要放在觸手可及之處，才不會閃到筋骨，手指也能保持清潔。

現代的小女孩在幼稚園就已經學會：便便完，要從前面往後面擦拭，這樣腸道細

菌才不會跑到尿道。

沖水時，馬桶蓋一定要放下來。闔上馬桶蓋，才能防止細菌生物氣膠朝向四面八方散播。

清潔打掃的最後一個步驟，一定要使用馬桶刷，馬桶刷最好選擇馬桶內緣下方也刷得到的設計。

花時間用肥皂和水徹底洗淨雙手！

擦手的毛巾要經常更換，用粉狀全效洗衣劑以六十度高溫清洗。抹布也要如法炮製，但是當然跟一般衣物分開清洗。消毒劑可以免了。

清潔洗手台、水龍頭和電源開關所使用的抹布或海綿，應該跟清潔馬桶用的不同顏色。

最後，給生活過得跟我一樣亂的人一個建議：如廁前，先把手機從屁股口袋裡拿出來準沒錯。本人的手機就曾真的掉進了馬桶。

# 手機和眼鏡上的微生物

《時代雜誌》和八卦雜誌的地位可不同，所以二〇一七年八月的這篇報導〈你的手機比馬桶座墊髒超過十倍〉，就更令人忐忑不安了。

德國有大約五千七百萬人使用手機。據統計，很多使用者白天會將這裝置拿在手裡幾十次。手機儼然已經發展成一件日常用品。動不動就將一個病菌傳播媒介放在耳邊，豈不是令人警鈴大作嗎？

下標題時，拿細菌及其同類來營造出大難臨頭的感覺，這篇報導堪稱絕佳典範，同時它也是個好例子，顯示對於細菌及其傳播情況，我們的知識有多麼淺薄。想到馬桶座墊上擁擠的細菌，當然馬上一陣噁心感襲來，只不過，這個想法背後的假設其實是錯的。

## 幾乎無菌

馬桶座墊這件東西的設計，就是要讓它對細菌的吸引力，差不多等同於沙漠對一個快渴死的人的吸引力。它表面光滑，細菌無立足之地，而且也幾乎不存在養分。又因為材質防水，所以非常乾燥，這絕不是一個培養細菌的良好先天條件。

當然，總是會有一些微生物迷路至此。在我們家，此處的細菌密度大約是每平方公分一百隻。以專家角度看來幾乎等於無菌。

將這個幾乎無菌的數字乘以十，得出的結果並不足以讓人冒冷汗——每平方公分一千隻細菌仍然是少得可憐，你我胳肢窩裡的微生物派對都比這熱鬧。

儘管如此，富特旺根大學（Hochschule Furtwangen）還是想確切了解一下，所以仔細研究起手機的螢幕。用學生和教職人員提供的智慧型手機，總共做了六十個拓本，在取樣過程中，手機表面的細菌會被翻印到某種隆起的培養皿上。檢驗結果超級出人意表。

## 手機輻射會殺菌？

我們平均每平方公分找到一．三七隻細菌！細菌是公認愛成群結隊，因此手機上那形單影隻的細菌，幾乎要讓人為它一掬同情淚。更棒的是，酒精眼鏡布擦拭過手機表面後，這個微乎其微的微生物數量會再少一百倍。

醫療院所進行的一個類似研究顯示，舊式手機上頭的細菌大概比現代智慧型手機多了十倍，原因很合理：比起鏡面般光滑的智慧手機表面，細菌更容易附著在舊式手機胖胖的按鍵上。對早就想找個理由更換新型手機的人，這真是一個非常好的消息。

我們的檢測結果在二〇一七年十二月獲得義大利同儕的證實。他們檢測了總共一百台智慧型手機，平均每平方公分發現〇．四到二．一隻細菌。手機的螢幕光滑又乾燥，雖然經常拿在手上，但是被擦拭的頻率也很高，所以細菌沒什麼繁殖機會。

他們的研究還得出另一個論點：手機的輻射可能也影響了機體上的細菌密度。

所謂「生物體單位質量對電磁波能量比吸收率」（SAR-Wert）一詞，是行動電話有效輻射功率的計量單位。這個數值顯示的是，我們講電話時頭頂上出現的電磁波被

人體吸收的比例。不同廠牌的產品，這個數值的差距很大，數值愈高，頭頂和機體變熱的程度也愈明顯。

我們不清楚的是，這種輻射是否會危害手機使用者的健康。基於這個原因，手機輻射值低於〇・六瓦／公斤才能獲得國際環保組織「藍天使」（Blauer Engel）的認證標誌。不過，SAR值高還有一個明顯的好處：根據義大利科學家的檢驗結果，輻射較強的手機測量出的細菌量比較少。

## 手機菌群解碼

反過來說，這個檢測結果也可視為手機輻射有害人體的間接證據：如果我們極其頑強的細菌同居者都對手機輻射投降，逃之夭夭，那麼輻射能對我們做出什麼事情來？

研究過程中，我們辨識出十種不同的細菌。它們是典型的皮膚和黏膜細菌（葡萄球菌和鏈球菌），還有糞便裡的細菌（大腸桿菌）。據此，我們基本上已經能確定手機菌群的主要來源。螢幕上的細菌來自

——皮膚（經由手和臉）
——黏膜（說話時）
——糞便（經由沒有洗的手）
——環境（經由空氣中和地上的灰塵）

在這十種之中，有五種具有潛在危險性，但是它們的密度低到幾乎無法為非作歹。在私人與居家範圍內，智慧型手機和停留其上的微生物沒有危害健康的風險，但是在醫療機構又是另一回事了。

## 主治醫師免費贈送你醫院細菌

二〇〇六年，英國醫學會（British Medical Association）得到一個研究結果：執業醫師所配戴的絲質領帶有極大的感染風險，因為醫師們經常習慣性地觸摸領帶，卻很少清洗領帶。

在現代的醫院裡，手機似乎已經取代領帶，成為人們最常觸摸的「挾帶潛在危險細菌的物件」。倫敦帝國學院（Imperial College London）的傳染病學家指出，醫師現在使用智慧手機測量脈搏，這麼做的同時，也可能將多重抗藥性細菌傳染給病人。

儘管如此，智慧型手機有朝一日將在醫療診斷上擔任要角。某位現代分子生物學領域的美國科學家證實，智慧型手機上的微生物組和其使用者手上的微生物組有很大的一致性。知道這件事，讓該研究的作者不禁詩意地說出這麼一句話：「我們去哪兒，我們的人體微生物組也就跟著去到哪兒。」

## 細菌採樣代替糞便採樣？

我們完全可以想像，有朝一日，手機可以被當成微生物掃描器來使用。也許「菌圖」可以指標性地說明一個人的健康狀況，甚或透露此人可能有的細菌感染。

如此一來，未來諸如抽血、採集糞便等不舒服的檢驗程序，在某些情況下都能免除。這些當然僅止推測，但是手機細菌同樣也透露了許多重要區域的衛生狀況，像是

至今仍被科學家嚴重忽略的居家和醫院衛生，這算是我因為這項研究而意外發現的另一件日常事務。

為了我們的手機研究，我請求參與的學生弄些眼鏡布來，想測試眼鏡布的清潔效果。直到今天我都很感謝這些學生，因為，不管他們是基於什麼理由挑選了蔡司（Zeiss）這家公司的眼鏡布，我們後來真的跟這家歷史悠久的企業聯手研究眼鏡菌群，得到了豐碩的成果。

眼鏡上的細菌負載量幾乎完全不為人知。第一項研究關注的當然是在醫院，例如手術室，眼鏡上的菌群會產生什麼問題。大家想像一下，手術器具和醫師衣服必須無菌，但是鼻樑上的眼鏡是什麼狀況，目前幾乎沒有人關心。所顯示出來的結果一定也令人憂心。

## 偷渡客

我們在富特旺根大學的研究證明，眼鏡上每平方公分約有九千六百隻細菌。這個

細菌密度比馬桶座墊或手機螢幕高出很多倍。

眼鏡鼻墊上找到的細菌量最高，每平方公分有六十六萬隻細菌，而且其中最常出現的剛好就是葡萄球菌。有一件挾帶這麼多抗藥性細菌的物件，像偷渡客般潛入理應無菌的手術室裡，被開刀的人誰不會嚇出一身冷汗？

將一支普通眼鏡消毒到完全無菌，目前幾乎辦不到。補救辦法是戴面罩或護目鏡，但是這樣做都會妨礙視線。

我們目前還不清楚眼鏡上的微生物是否存在風險，如果有，又是哪些風險。我們非常清楚根本不可能做到完全無菌。只不過，在德國有超過四千萬人戴眼鏡，現在豈不是一個好時機，來好好研究一下這個甚少有人研究的領域？

我們富特旺根大學正有此意。目前我們想探究的是，對眼睛疾病來說，眼鏡的角色到底是病原體的藏匿處，還是中繼站。這適用於慢性或急性眼睛發炎，也適用於病毒性疾病，例如流感。

這對抗藥性細菌的傳播當然也適用。多重抗藥性葡萄球菌喜歡住在鼻腔裡，當我們試圖根除這個病原體時，它就暫時躲到眼鏡上。如果有人在這裡找到什麼新的傳染

途徑，我也不會意外。

我認為，這個領域還有很多諾貝爾獎等著人來領。

手機衛生

- 手機上的細菌負載量通常很低。
- 居家環境裡，特別的抗菌措施（抗菌包膜之類的東西）是沒有必要的。
- 乾淨的手等於乾淨的手機！
- 使用含酒精的布清潔，會使得本來就很少的細菌量再減少一百倍，但是長期下來可能會損傷手機螢幕。
- 講手機會長痘痘是迷思，臉上的細菌比手機多很多倍！
- 在廚房裡或在煮飯時，手機螢幕可能會有交叉污染的危險。補救方法是使用擴音模式。

# 第三章

# 微生物就在你我身邊

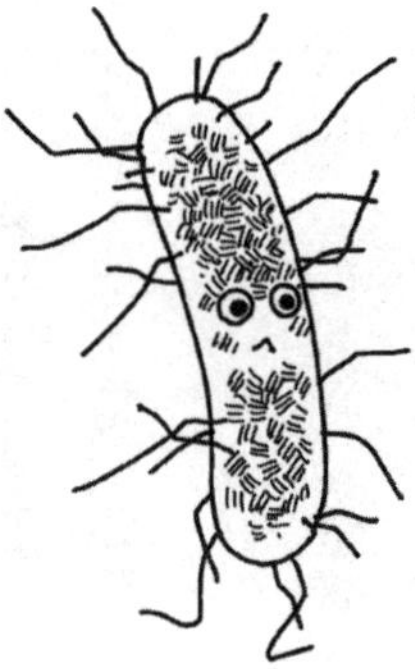

# 我的媽呀！怎麼微生物也上教堂

我的上一份工作是在漢高公司研發部，這工作始於一次令人有點錯愕的偶遇。我在評估中心做完招聘流程中的能力評估後，後來成為我老闆的那位先生走過來告訴我，我講起話來「像牧師一樣徐緩隆重」，雖然這不是太嚴重的缺陷，但還是不要養成這樣的習慣比好。

這個意見沒有進一步惹惱我，可能是因為對我來說，念神學曾經真的是可以想像的選項，畢竟我們家是虔誠的天主教家庭。不過，我是在某次假期中才突然驚覺，我和太太也成功將孩子教養成虔誠的天主教徒了。因為在我們度假小屋的花園裡有一個鳥浴盆，每當孩子經過那裡時，都會將手伸進去沾點水，然後在胸前劃十字。

宗教與科學要在一個人身上融合，不是那麼理所當然的事。定期上教堂的我，進入教堂後，首先一定會用門口的聖水在胸前劃十字，即使是在夏天，裝聖水的小池看

起來有那麼一點噁心的時候。在水裡歡騰的到底都是哪些東西？我身為微生物學家，內心總是有股衝動想一探究竟。

太太一開始不太贊成這個想法，她怕我們在教區裡的名聲會毀於一旦。

## 聖水中的葡萄球菌

我當然是走正式途徑詢問神父，是否能夠測試一下我們教區聖水池中的微生物，得到的反應出乎意料地正面。但是，好戲還在後頭。

二〇一五年初夏，我和兩個學生一起檢測了三座城市教堂、兩座菲林根—施文寧根鎮（Villingen-Schwenningen）的村莊教堂，以及鄰近地方小教堂聖水裡的微生物含量。我們果然找到了細菌，而且很多：每毫升兩萬一千隻！

在五十四份聖水採樣中，我們找到很多皮膚細菌和水生細菌，尤其是葡萄球菌，它以引發皮膚炎和軟組織感染聞名，例如膿腫、潰瘍等。連糞便細菌也在樣本裡悠遊。在我們識別出的二十種細菌中，其中一半是可能致病的。

在德國境內從不曾有過類似的檢驗，原因可能是其他科學家面對教會組織，至今仍有很大的心理障礙。但全德國大約有兩千四百萬名天主教徒，而按時去教堂做彌撒的大約是兩百五十萬人，全部人口的百分之十，因此這題目所牽連的人數實在不容忽視。

## 小心聖水！

在這之前幾年，奧地利的微生物學家調查了奧地利境內的許多聖水，包括教堂和醫院小教堂裡的採樣。

這些來源中，只有百分之十四符合奧地利飲用水條例的要求。每毫升最多能找到十七萬隻細菌，而且經常發現糞便中常見的細菌，硝酸鹽值往往也明顯偏高。

更令人緊張的是聖水盆裡的情況：研究發現每毫升有高達六千七百萬隻細菌。容我提醒大家一下，德國飲水條例（奧地利也是）只允許每毫升一百隻細菌。在這裡面當然也找到了糞便細菌，出現頻率最高的是腸球菌（Enterokokken），這種細菌在免

疫力差的人身上會引起尿道炎、敗血症或心肌炎。

造成微生物污染的主要來源是信徒的手指。除此之外，聖水還有另外一個問題，這個問題不只我們的鄰居奧地利有，德國的教會組織也有，那就是：按照慣例，一年中聖水只會少少幾次被拿出來施行聖禮，然後就裝到大容器裡保存。可想而知，教堂儲水容器裡真的可以長出不少東西，而奧地利的同儕和我們富特旺根大學在聖水中找到這麼多水中細菌，也證實了這一點。

還有一個角度可以顯示，這兩個研究有一個共同點。兩組研究人員各自都發現，聖水中的微生物含量，在有最多信徒的大教區最高；反之，教堂愈小，細菌的密度也會降低。我們在兩座鄉村小教堂裡得到的數值都有達到飲用水的標準：每毫升不超過一百隻細菌。

## 聖水是種危險？

在研究開始之前，我們施文寧根鎮的神父要我發誓「不會馬上把研究結果交給八

卦媒體《圖片報》（*Bild-Zeitung*）。」我很樂意幫他實現這個願望，但是富特旺根大學舉行了記者會，而記者會又引起相當大的媒體迴響，這實在是神父無法預知。再加上發表的時間點，剛好施文寧根鎮民眾早就對細菌反感了。

當時，飲用水遭糞便細菌污染的醜聞，正讓地方上的公共設施部門忙得焦頭爛額，甚至都開始發放瓶裝水給民眾了。自來水是德國管控得最好的生活必需品，所以這樣一個因為建築工程產生的污染，雖然令人不解怎麼可能發生，但是很快就有人發現，真是不幸中的大幸。乾淨的飲水對我們來說是理所當然的事，而水龍頭流出來的水不能直接喝，這個痛苦的經歷讓施文寧根鎮的居民明白，乾淨的自來水多麼令人想念。

總之，就在某天早晨，太太很嚴肅地對我說：「神父辦公室打電話來，要跟你講聖水裡細菌的事。好像有一篇報導刊出來了，現在辦公室電話響不停。他們要抓狂了！」

微生物學家如唸經般警告大家，致病細菌會影響免疫力差的人的健康。這會讓無知的人懷疑：有這麼可怕嗎？是不是有點無中生有？如果還將聖泉和聖水牽扯進來，

豈不是淪於荒謬無稽？致病細菌的問題有多麼嚴重，可用兩個典型案例來說明，這兩起事件由學者整理出來後發表在醫學期刊上。

在英國伯明罕，一個十九歲少年從大樓的十樓跳下來之後，被送進一家地方醫院。這位少年雖然墜樓，但是奇蹟似地存活下來。前六週他復原得很好。可是原本康復中的少年卻在一夕之間感染了綠膿桿菌（一種能引發各種感染的院內細菌），於是狀況急轉直下。

因為該傷患住的是單人病房，所以醫師們都一頭霧水，剛開始連他可能是在哪裡接觸到這隻細菌，都沒有頭緒。直到有位醫師無意中說出，病人的阿姨將聖水潑灑在他身上，這才真相大白。雖然此舉出於善意，卻衍生出致命的後果，透過實驗分析，終於檢測出該聖水的確遭到綠膿桿菌污染。

英國利物浦附近的小城普萊斯格特（Prescot）有另一個類似的案例，一名嚴重燒燙傷的患者，傷口感染到危險的細菌。這次感染的是不動桿菌（*Acinetobacter*），同樣以不可思議的方式進入患者傷口。原來是這位病人的訪客像在教堂裡進行祈福儀式一樣，將聖水抹在病人身上，而燒燙傷的傷口因為組織大量受損，所以不但容易感染而

且很難復原。

這些研究告訴我們什麼呢？聖水只能夠外用，不應該飲用或塗抹在傷口上。因此讓醫院附設的小教堂停止設置聖水，是值得追求的做法。在聖水裡添加鹽，有防腐及預防細菌增生的效果。而現在用聖水施行聖禮的儀式中，已經加入這個程序。存放聖水的容器若是黃銅材質，也一樣要這麼做。基本上，所有裝水的容器都必須經常定期清洗。

## 宗教是否會傳染？

我承認，就連我也會毫不猶豫地將手指伸入聖水盆中，並且容許聖水噴灑在身上。

在教堂入口處沾取聖水在胸前劃十字的這個儀式，為的是回憶自己的受洗禮。當然我們可以對這個儀式的意義感到懷疑，但此舉背後的概念無疑是上帝造人的起源，不是嗎？

二〇一四年，還真的有俄國學者在英國的專業期刊《生物科學指導》（*Biology Direct*）上，發表了一篇文章質疑這個基本想法。作者的論點一開始聽起來有點荒謬，文章提到有可能是微生物促使我們進行宗教儀式的。怎麼會呢？因為透過宗教儀式，微生物引發的感染就能輕易在人與人之間傳播開來，微生物能藉此獲得演化上的優勢。

論述大致上是這樣。所以宗教也許只是一種傳染病？還是說，這是個狗屁不通的理論？我們先暫時把焦點轉到動物世界去，來看看寄生蟲能做些什麼好事。肝蛭（Leberegel）的幼蟲，所謂的尾蚴（Zerkarien），能鑽入紅蟻腦部，進而控制紅蟻的行為。更令人毛骨悚然的是，這種寄生蟲甚至會操縱螞蟻去自殺。

它先是讓螞蟻爬上草桿，好被另一個更大的宿主（例如牛或羊）吃掉。於是，螞蟻死了，但是幼蟲活得好得不得了。它們在新宿主體內產卵、孵出完全成長的幼蟲。這些幼蟲會在宿主下一次消化活動中，跟著糞便一起被排出。不論聽起來多麼噁心，我們得舉帽向這個極其成功的生存策略致敬。

但是我們真的可以想像，有控制狂的細菌接管人類對自己行為的掌控嗎？大家都

知道，病原體能對人腦造成什麼損害，例如狂犬病的急性發作期，人會失控地發怒。但是不久前，科學家又觀察到溝通的另一種可能性，微生物組能利用這種溝通方式，跟我們的大腦建立起一套正規的無線電通訊。

這個連結的媒介是所謂的「腸腦菌軸」（Darm-Mikrobiom-Hirn-Achse）。我們的腸道微生物組（也就是居住在我們消化器官裡為數眾多的微生物），現在被視為人體裡感覺敏銳的第二大腦。生物學家認為，當人們腸胃不適時，腸道裡的微生物群可能會以分子或荷爾蒙的形式，向大腦發送警告訊號。

有些研究學者猜測，像憂鬱症或自閉症這類的疾病，可能是腸道微生物組嚴重錯亂的一種表現。科學家當然看到了這個研究領域的潛力，如果我們能夠了解腸道微生物組的運作方式，或許可以治好一大堆疾病。然而另一方面，卻有一個令人不安的問題浮現：腸道微生物組是否也能向大腦發送命令，剝奪我們的自主行為呢？

微生物為了自己的演化利益，促使我們進行對自身健康有危險的行為，若從這角度思考，我們就會明白，為什麼以宗教為動機、但是會引發感染的儀式多得驚人。而且看起來，微生物似乎偏愛天主教。接觸聖水而感染病原體這樣的方式，和別的宗教

儀式相較，是比較沒有痛苦的。其他宗教裡的儀式殘忍粗暴得多。

## 有鉤子又有鐵鍊的血之祭典

在極度保守的東正教猶太教區常施行極具爭議性的割禮：Metzitzah B'peh。在這個非常古老的儀式中，專門執行割禮的人（稱為 Mohel），在嬰兒包皮割除儀式的最後，會用嘴巴去吸嬰兒傷口的血。這可能讓嬰兒感染單純疱疹病毒第一型（Herpes simplex Typ I），導致腦部損傷甚至死亡。

回教什葉派的受難劇（Passionsspiele）是一個為期十天的悼念儀式，儀式的核心是信徒做出儀式性的自殘行為。這裡所謂的「自殘行為」絕不只是做做樣子而已，信徒會拿釘有釘子或刀片的棍子不斷搥打自己的背。

居住在印度、馬來西亞和新加坡的泰米爾人（Tamilen）則會慶祝印度教的大寶森節（Thaipusam）。節慶儀式的過程非常血腥，參加者會用鋼製的鉤子刺入後背，或者用尖銳的物件穿刺自己的臉頰和舌頭。

難道自願施行這類儀式的人完全瘋了，和俄國學者提出的假設一樣，不再是自己行為的主人？想要驗證這件事，我只想到一種方式：把參加這種儀式的虔誠信徒的微生物組，拿來和不會參加這類儀式的無神論者的微生物組做比較。只是，這無異於大海撈針。如果真的是微生物的影響，我們又怎麼知道，是哪一種微生物在操縱宗教的狂熱呢？

這些俄國學者筆下的假設理論預言，隨著人們的衛生習慣愈來愈嚴謹，對宗教的狂熱也會持續降溫。他們採取的算式很簡單：細菌少等於被微生物唆使舉行宗教儀式的思想控制少。我不太確定，這些研究學者是否會因為提出此理論而得到諾貝爾獎。但是身為科學家，我當然有足夠的好奇心驅使我去參與實驗。

我在研究聖水期間想到的一個點子是，為聖水開發一種抗菌添加物，不只能夠可靠地殺死細菌，同時還要可以融入天主教儀式。也許這個添加物可以做成薰香？這個點子甚至能發展成一樁生意。但是考慮到「太多衛生措施最終也許會導致信仰終結」的假設，我還是跟這樁生意保持一點距離好了。

# 當細菌出現抗藥性

位於美國新墨西哥州的列楚基耶洞穴（Lechuguilla-Höhle）是世界上最引人入勝的鐘乳石洞之一，長度超過兩百公里。因為受到一層厚密的沉積岩所覆蓋，幾乎沒有水滲入這個巨大的洞穴迷宮之中。此處真是微生物學家眼中的天堂，因為遠古的細菌菌種就這麼在新墨西哥州的地底保存了下來。

大部分時候，這個地道系統有鐵柵欄擋著，只有少數時候會破例允許研究人員進入。其中一位幸運者是加拿大生物化學家格里・萊特（Gerry Wright）。他從岩石上取了九十三個樣本，然後把它們帶回家。

在安大略省漢密爾頓（Hamilton）的研究室裡，他拿二十六種常見的抗生素折磨這些大約四百萬歲的物質。他得到的結果十分驚人：幾乎所有菌種都至少對一種抗生素（大多數菌種則對多種抗生素）具備抗藥性。其中，有三種菌能夠抵抗多達十四種

抗生素。

特別可怕的是，其中幾隻遠古微生物，居然成功找到一種相當新的抗生素的弱點。對萊特來說，一切證據確鑿，細菌在很久很久以前就已經具備有效抵禦抗生素的能力了。

等一下，四百萬年前哪來的抗生素？

當然絕對不會是化學合成的，但是自然組成的抗生素絕對存在。這些抗生素甚至還是微生物自己發明的，某些單細胞生物會利用它們，毫不留情地攻擊自己的敵人。對手當然也沒有把時間浪費在睡覺上，而是發展出抵抗力來對付這些天然抗生素。

## 數以千計的人死於有抗藥性的細菌

對抗生素的抗藥性乃是自然而然，不是新時代的現象，對人類來說，這是一個令人擔心的消息。因為這告訴我們，我們和病原體的對抗賽差不多就像格林童話中兔子和刺蝟賽跑一樣，不知為何我們一直居於劣勢，僅有一絲絲機會贏得最終勝利。

世界衛生組織認為，我們已經「走在後抗生素時代的路途上」。就像我們必須在石油礦藏耗盡之前找出替代方案，在抗生素這個領域同樣如此。根據羅伯特科赫研究所（Robert Koch Institut）的資料，德國現在每年感染多重抗藥性細菌致死的人數已經介於一千至四千人之間。歐洲的話，是兩萬五千人；在美國，每年犧牲在所謂「超級細菌」底下的人有兩萬三千人之多。

二〇一八年三月，有位英國人因為在東南亞買春而感染淋病雙球菌，登上頭條新聞。一般稱為「淋病」的這種感染，通常用抗生素治療就會康復。但是一般抗生素拿這次的變種菌沒轍，最後醫師使出殺手鐧，用了保留用抗生素（Reserveantibiotikum），才讓病人脫離險境。歐洲疾病預防和控制中心警告，這類性病未來的治療方式已經受到危害。

只是，就算不從事性愛冒險，我們還是有可能成為多重抗藥性細菌的目標，很有可能是因為很小的瑣事，像被胡蜂叮到所以去急診，結果在急診室感染上超級細菌。諸如這類的情境，過去在本地的醫院是無法想像的。

## 誰怕抗生虎？

比起德文的 Reservantibiotika（保留用抗生素）這個字，「終極抗生素」的英文 drugs of last resort（最後手段藥物），更是直截了當地表達了「最後的出路」的意思。這個戲劇性的表達辭彙真的再貼切不過，因為在使出這招之後，能做的就只剩下祈禱了。但即使用上終極手段，病人的狀況也不是一片光明，因為救急抗生素效果一般不如常用的抗生素，所以療程通常進展得很緩慢。除此之外，藥劑還會一再出現嚴重的副作用，讓人無法消受。

遺憾的是，大家的腦袋顯然沒有接收到這個危險訊息。我在課堂上總是會調查學生的意見，問問他們對感染引起的各種疾病恐懼到什麼程度，多數人只是一笑置之。我從許多蛛絲馬跡感覺出，人們對此議題多麼異常冷靜且無知：在一份課堂筆記上，有一個學生從頭到尾都將「抗生素」（Antibiotika）寫成「抗生虎」（Antibio-tiger）。很遺憾，他是認真的。

如今，抗生素如此理所當然地屬於我們生活的一部分，以至於我們粗心大意，使

用起來完全不考慮後果。病患不斷糾纏他們的家庭醫師，直到這些醫師甚至連病毒感染也開抗生素給他們，即使抗生素對病毒根本無效。

想知道沒有抗生素的世界是什麼樣子，不必回溯到中古世紀。差不多一百年前第一次世界大戰時，因為當時不具備有效的殺菌物質，所有國家的士兵在戰場上像蒼蠅一樣死去。新式槍械讓年輕男子傷勢嚴重，而且經常因戰壕內的髒污而感染，成堆地死於傷口發炎。

最知名的抗生素當然是盤尼西林（Penicillin），一九四〇年代，它首度使用在人身上。一九四五年，英國的弗萊明（Alexander Fleming）、弗洛里（Howard Florey）和錢恩（Ernst Chain）因盤尼西林得到諾貝爾醫學獎。我認為，不論哪個時代，他們都是最當之無愧的得獎人。

盤尼西林能阻礙一種酶，這種酶是細菌控制細胞壁生長的關鍵。生長中幼小細菌的細胞壁，在盤尼西林作用下會變得軟趴趴，任由水分不斷滲入，直到細菌爆裂開來。這種運作方式真是天才！這種促成細胞壁生成的酶只有細菌才有，人類或動物體內沒有，所以盤尼西林專殺細菌。

## 微生物有如惡魔般的權力

對微生物繁殖有抑制作用的高效物質，為人所知的大約有八千種。其中有些因為各種原因不適合大量生產，例如臨床使用過於昂貴、生產技術太複雜等等。有些有效物質對人體有毒，又有些是無法長久儲存，或是在人體內很快就失去藥效。現在醫學界常用的抗生素大概有一百種，全都有能力透過細微的分子擊潰侵略性強的細菌。

我們有所謂的廣效抗生素，能對抗多種細菌，也有些抗生素只對抗少數幾種細菌。很遺憾的是，抗生素分辨不出哪些細菌「有用」，哪些細菌「有害」，而好與壞，經常要視所在位置而定。舉例來說，大腸桿菌在大腸裡可以出色地完成它的工作，但如果出現在尿道裡，就會引發棘手、很不舒服的發炎。

之前我們已經提過，細菌自然就擁有阻擋抗生素進攻的能力，從而發展出抗藥性。在這裡，抗藥性的意思是，藥劑的量對治療病人不再有效。

微生物一定擁有惡魔般的超能力，否則怎能逃過這個死劫？尤其別忘了，微生物的結構也不過就是細胞質和些許ＤＮＡ。盤尼西林最厲害的地方在於，能遏止細菌產

生建造細胞壁的酶，面對這種破壞攻勢，有些細菌的應對方法是生出變異的酶，藥物便對接不上了。透過這種方式，連最有名的抗生素也沒輒，多重抗藥性金黃色葡萄球菌（Methicillin-resistenter *Staphylococcus aureus*，簡稱MRSA）就此誕生。

其他細菌會產生具有分解力的酶來摧毀抗生素，或者是把自己像繭一樣蜷曲成一團，讓藥物穿透不了。最令人讚嘆的絕招之一是透過所謂的「細胞膜轉運蛋白」（Membrantransporter），將入侵的抗生素快速排出體外。

不讓細菌專美於前，真菌、病毒等所有微生物都一樣，自行發展出了驚人的能力來對抗入侵、保衛自己。讓危險的抗生素抗藥性發展出來，人類其實要負很大的責任。一盒抗生素打開來，卻沒有吃完最後一顆，就可能助長一族細菌的抗藥性。

臨床研究的出發點，是以適量的藥物劑量，將最有可能正在發炎的地方控制住，但這只有在吃藥的人好好遵守醫囑的前提下，才會奏效。因為唯有如此，我們才能確定，身體的發炎部位有足夠的時間讓抗生素累積到必要的濃度，確實清除危險的病原體。一般情形下，一旦開始服用抗生素，病患的發炎情況很快就會緩和下來。在用藥初期，對壞蛋細菌發動的攻擊會拳拳到位，很快地，病灶便只能產生少量毒素，而人

體內自然製造出來的抗體，也在抗生素的支援下重振旗鼓。於是身體回報大腦：「一切平安！」大腦就想：「既然如此，我幹嘛要吃完剩下的藥呢？丟進垃圾桶吧！」只要這麼一想，一切就毀了。

因為那些在第一波攻勢下倖存的抗藥性細菌，現在更奮力反擊了，原先與其爭食的競爭對手已經成為抗生素的犧牲品，所以現在它們可以肆無忌憚地擴張了。雖然很矛盾，但如果我們在發炎還沒完全消失的最後一刻，都還覺得痛，就會乖乖將抗生素吃完了，而這對我們的健康絕對有益。

## 百分之九九點九無菌有必要嗎？

對我而言，這個例子的意義是，我們實際和微生物互動時，在某種程度上，必須放下應對一般事物時的邏輯。時至今日，人們對衛生的觀念仍莫衷一是，而像我這樣的科學家對此不可謂沒有責任。因為長久以來，我們一直宣導社會大眾，最好將所有隱身在屋內各角落縫隙的細菌徹底殲滅，今天，幾乎家家戶戶都備有一瓶號稱殺菌力

百分之九九．九的超級清潔劑，實在不是沒有原因。但我們愈來愈清楚，把家裡保持得像醫院一樣乾淨是沒有用的。

據我所知，沒有任何研究能百分之百證明，家中有專門消毒殺菌的清潔劑會為健康的人帶來好處。反之，愈來愈多證據顯示，輕率地使用消毒劑或特別調製的清潔劑，可能還無意中成為危險細菌的幫兇。甚至有跡象顯示，清潔劑用量錯誤會助長細菌的抗藥性。

嚴格說來，使用消毒劑不是為了打造無菌環境，或殺死特定的細菌，它最重要的功能在於阻斷傳染病散播的危險。消毒殺菌用品和抗生素不一樣，它們不攻擊特定細菌，而是毀壞微生物維繫生命的結構和生物分子，例如蛋白質或細胞膜的脂肪（科學家喜歡稱之為變性作用〔denaturieren〕）。

消毒劑肩負的重要任務是，擔任對抗危險病原體的第一道防線，尤其是在醫院。如果消毒劑劑量正確且效果持續，就能可靠地殺死具抗藥性的細菌。廣為人知的消毒劑有酒精、臭氧、氯、雙氧水、碘、氯己定（Chlorhexidin），還有銅和銀。但是，如果使用劑量有誤，會發生什麼事呢？

## 消毒劑如何促進抗藥性

一個非常危險的惡習是，用自來水去稀釋消毒劑，或者基於節儉美德，只噴一點點在可能有細菌存在的表面上。許多不同的研究都主張，如果你不全心全意進攻，具抗藥性的細菌尤其能夠從中獲益。就像抗生素，首先遭消滅的是比較羸弱的微生物，真正的壞蛋還活著，而且它們在對手消失後，更能肆無忌憚地大肆破壞。

更讓人不安的是，化學物質甚至可能就是發展出抗藥性的原因。綠膿桿菌是一種特別頑強的病原體，尤其喜歡潛伏在潮溼的環境，例如洗手台、淋浴間和廁所，然後在較不健康的器官裡引發一連串不舒服、甚至是危險的發炎疾病，例如肺炎。

一群愛爾蘭的研究人員在實驗室裡用氯化苄二甲烴銨（Benzalkoniumchlorid）折磨問題細菌的樣本。氯化苄二甲烴銨是一種廣泛運用在防腐與消毒的溶劑，抗菌洗衣精或清潔劑裡也很常見。它絕對能殺死細菌，但前提是劑量要給足，如果劑量太少，細菌甚至會習慣這種消毒劑。

當科學家接著用 Ciprofloxacin 這種抗生素去對付這些細菌時，震驚地發現，其中

的假單胞菌屬細菌（*Pseudomonas*-Bakterien）對這款治療腸炎、膽道炎和尿道炎的藥物具有抗藥性。而且，它們之前未曾和這種抗生素交手過，這代表細菌用來排出氯化苯二甲烴銨的細胞膜轉運蛋白，也能將抗生素排出體外。

如果用在家裡，會有什麼後果呢？我們根本沒有理由，在家裡預防性地持續使用像消毒劑這類的重型武器。如果家庭成員的健康狀況正常，一般的清潔打掃方式就足以維持健康愉快的生活了。不過，如果家中有人得急性疾病，或有慢性病人在家休養，就有別的做法。此時，從負責任的人那裡（例如家庭醫師或藥師），尋求家用消毒用品的專業建議，就更重要了。

**不用消毒劑也能控制家中微生物滋長的簡單方法**

1. 以七十度以上的溫度烹煮（煮、煎、燙）
2. 能量強大的輻射：陽光（紫外線）、微波爐

3. 去除水分：乾燥、通風、用鹽或糖醃製
4. 酸洗或鹼洗：醋、檸檬酸、鹽酸、肥皂、氨水
5. 冷藏或冷凍：冷藏能減緩生長速度，冷凍能殺死細菌（但是效果不如高溫！）
6. 界面活性劑：肥皂、洗衣劑或清潔劑
7. 特別清潔容易藏污納垢的區域
8. 經常更換可能藏匿細菌的用品（例如菜瓜布）

# 一隻細菌去旅行

有時候，居住在像施文寧根這樣的小城市，也是有好處的。想去的地方，大多走路就能抵達，或者只要五分鐘車程。我想說的是，如果有必要，我們可以選擇避免搭乘大眾交通工具，而我覺得，這在流感季節絕對有必要！

說這種話的人實在太疑神疑鬼了，但是做為一個專家，我允許自己有這個弱點，因為在大眾交通工具上比較容易感染傳染病（例如流感），是公認的事實，尤其是和許多咳嗽、吸鼻子的人緊緊靠在一起的冬季。

現代交通工具讓微生物獲益匪淺，因為擴散起來容易多了。比較不痛不癢的一般感冒讓人沒有警覺，但流感可就沒那麼好玩了。流感可不是著涼，而是嚴重的傳染病，除了會有典型的感冒症狀，還外加發高燒、肌肉疼痛。流感季節創下的可怕紀錄是：二〇一七／二〇一八，在德國一六六五人死亡。

這裡提供一個比較數據，二〇一一年，德國境內有五十三人因感染腸道出血性大腸桿菌而死亡，檢驗證明感染來源是埃及進口的葫蘆巴豆芽受到污染。二〇一一年的五月和六月，因為一開始找不到感染原因，德國全國上下處在大恐慌的邊緣。雖然整起事件不可謂不嚴重，但也沒必要歇斯底里。只是，這卻顯現出一個有趣的心理：對很多人而言，「流感」一詞很神奇地不再能引起任何憂慮，大家普遍將流感視為冬天必然的現象之一，不過是稍微嚴重一點的著涼。但它不是！

為了不讓大家懷疑我在說施瓦爾茨瓦爾德—巴爾地區（Schwarzwald-Baar）公共交通運輸系統的壞話，我要聲明：總的來說，今日遍及全世界的交通網絡為病原體和傳染病，提供了一個比以前快速得多的傳播管道。

## 細菌旅行速度破紀錄

今日，國際航空網絡聯結了全球超過四千多座機場，有二千五百多種轉機可能性供旅客選擇，每年運輸超過三十億名旅客，每天的總里程數高達一百四十億公里以

上。除此之外，還有無可計數的火車交通網絡、航行全球的船運，當然最後要再算上一般道路上的交通。

人類歷史上，危險的病菌從甲地散播到乙地的速度，從來沒有哪個時候像現在這麼快——不論那病菌原本位於國際航線的飛機上，或者施文寧根這種小城市裡的公車座椅。

致病微生物的全球擴散方式究竟如何演變，黑死病是一個特別精闢的例子。十四世紀中，黑死病肆虐歐洲，造成二千五百萬至五千萬人死亡。那個時候，黑死病的傳播就已經是全球船運推波助瀾下的結果。透過地中海各港口和克里米亞三角洲（Krimdelta）之間的貿易路線，鼠疫桿菌（*Yersinia pestis*）勢不可擋地從亞洲來到歐洲，不過這過程大概花了幾十年。因為，十四世紀的歐洲人幾乎都只在自己居處的當地活動，少有例外，所以黑死病是以龜速降災到人類頭上。據最新估計，黑死病是以穩定步調由南往北擴散，每天大約前進四至五公里。

其他傳染病需要的時間也差不多這麼長，因此，一個瘟疫的真正起源處常常受

到眾人的誤解。以十五世紀在歐洲肆虐的梅毒為例，微生物學家約克・哈格（Jörg Hacker）中肯明白地指出：「梅毒在法國被視為那不勒斯城的疾病，在那不勒斯城又被認為是法國病。而在英國，梅毒被稱作 *Morbus Gallicus*（法國病）和西班牙病。在葡萄牙，它又成了『馬德里病』，在波蘭則稱之為『德國病』，而在俄國又變成『波蘭傳染病』。」

## 傳染病的間接傳播

在現代，傳染病擴散的速度可快多了：大概一天一百到四百公里。但是斷定傳染病到底起源於何處，仍然是一個很大的挑戰。柏林洪堡大學（Berliner Humboldt Universität）的理論物理學家狄克・布洛格曼（Dirk Brockmann），和蘇黎世聯邦理工學院（ETH Zürich）的社會學家狄克・黑賓（Dirk Helbing）發展出一個數學模式，能夠預測傳染病的擴散現象。他們把錯綜複雜的路徑稱為「隱藏的幾何圖」，在二十一世紀，致病微生物便是以此路徑在地球上移動的。

鑑於現代運輸系統的結構錯綜複雜，傳染病的毀滅之路一開始看似無法預測，但布洛格曼和黑賓還是從中找到了預估模式。根據這個模式，傳染性病菌呈圓形向外擴散，和我們打水漂造成的同心圓漣漪很相似。

這兩位科學家在這模式中導入一個概念，那就是重新定義了距離的概念（至少在涉及微生物移動距離時）。在這個「有效距離」方程式裡，他們認為，在我們這個時代，交通聯結的便利性至少和絕對公里數一樣重要。這是個很有趣的觀察，依據我的慘痛經驗，我對此再同意不過了。

如果在施文寧根火車站（如果這個停車牌也能稱得上是「火車站」的話）搭上列車，大概兩小時後可以抵達一百公里外的斯圖加特（Stuttgart）機場。用同樣的時間，我們可以從斯圖加特飛到五百公里外的巴黎，從容步下飛機，在機場買可頌麵包吃。

## 飛機裡幾乎無菌的空氣

談到細菌傳播，飛機這種交通工具相當矛盾。一架噴射飛機能夠像一陣風將某地

登機的某位乘客身上的異國病菌帶進德國。嚴重急性呼吸道症候群（Schweren Akuten Respiratorischen Syndroms，簡稱ＳＡＲＳ）就是這樣，在短短幾週內從中國南部被帶入歐洲和加拿大。二〇〇三年時，這種冠狀病毒（Corona-Viren）感染所導致的呼吸道症候群，最早就是沿著主要航道散播的。

另一方面，在飛行時，我們接觸到細菌和病原體的機會比想像中少很多。微生物群密度最高的地方，明顯是與座椅相連的活動掀板，雖然是「最高密度」，但是每平方公分三百隻細菌真的沒什麼了不起，微生物學家連眉毛都不會皺一下。

每兩至三分鐘，機艙內的空氣就會透過高效率空氣微粒子過濾網（High Efficiency Particulate Air，簡稱ＨＥＰＡ）進行更新，幾乎能將空氣中的所有病菌都過濾掉。這麼乾淨的空氣只有手術室裡找得到了。

有些旅客抱怨長途飛行後有著涼的症狀，但這應該不代表飛機空氣裡有病原體，而是因為機艙裡異常乾燥的空調空氣，導致呼吸道黏膜脫水了，所以病原體很容易就進入我們的呼吸道。不過，這要在我們離開機艙後，才會構成問題，因為機艙裡乾燥的空氣，正是病原體沒什麼機會存活的原因。

正如研究結果所顯示的，要在飛機裡被傳染到流感病毒，還真的不容易。美國科學家結合對機上乘客行為的觀察，與目前對於流感病毒會如何傳播的理解，發展了一套模擬，來顯示流感病毒在人打噴嚏之後的擴散方式。

結果令人吃驚。和帶原者間隔兩個座椅以上的所有乘客，都相當安全，不會遭傳染。這個現象也和機艙內空氣流動的方式有關係。

空氣會以每秒一公尺的速度從艙頂灌入艙內，然後在靠窗的座位下方被吸回，因而產生一種由上往下的層流（laminarer Strom），在前後左右都不會有水平的空氣流動。

此研究的研究人員還在流感季節時，檢查了十架跨洲飛機，找尋造成呼吸道疾病的十八種常見病原體，但機艙裡一種都沒找到。

## 瘧疾：德國進口疾病第一名

我還有另一件事要說：柏林羅伯特科赫研究所自幾年以來，每年收到高達一千起

瘧疾新案例通報，這些患者都是坐飛機進入德國的。

別名為「沼澤熱」的瘧疾，在德國算是一種已經受到控制的傳染病。一直到二次世界大戰後不久，有一種瘧疾還在德國境內傳播，尤其是萊茵河谷，那裡因為時常淹水而形成沼澤地，特別適合間日瘧原蟲（*Plasmodium vivax*）這種病原蟲滋生。這種寄生蟲主要的散播途徑是雌性的瘧蚊（Anophelesmücke），目前德國仍有瘧蚊，雖然數量十分稀少。

瘧疾受害者當中，有個名人是劇作家席勒（Friedrich Schiller），他年輕時在曼海姆（Mannheim）染上「寒熱」。為了對抗反覆發冷發熱的症狀，這位作家跑去吃金雞納樹皮（Chinarinde）。瘧疾害死人的危險比起自我治療瘧疾的危險少得多，而席勒真的只有毫髮之差就醫死自己了。為了排出藥劑，他因而好幾個禮拜只喝湯湯水水，導致不久後也體力盡失。

萊茵河和其他水域的整治是十九世紀才開始的，而各潮溼地區變得乾燥後，瘧疾也減少了。

可惜的是，去遠方旅行的德國觀光客又將瘧疾帶回了國內，而且多數是會導致生

命危險的惡性瘧原蟲（*Plasmodium falciparum*）。按照羅伯特科赫研究所估計，瘧疾因而登上德國進口傳染病第一名。這種致命的熱帶疾病會在我們這裡再度蔓延開來嗎？

這種疾病要擴散，前提是病原體接觸到能帶原的瘧蚊。不是完全不可能，但是機會很低，因為這種蚊子和其他會叮人的蚊子不同，在德國很少見，而且罹患瘧疾必須通報，患者得馬上開始治療，而且也不可能人傳人。

治療熱帶疾病的醫師也注意到，惡性瘧原蟲所引起的瘧疾病例已經出現一陣子了。不過，這顯然不代表瘧疾的回歸。專家已經證明，這隻病原菌老朋友是跟著厄利垂亞（Eritrea）的難民一起進入德國的，只是即便如此，也完全沒有傳染的危險。

## 一隻胃部細菌環遊世界

右派人士最喜歡做的，就是煽動「難民會將危險傳染病帶進德國」的憂慮。從專業的眼光來看，這種蠱惑人心的奸邪宣傳與事實完全不符。這些人會帶來的，不論是高血壓或牙痛，都是我們早已熟悉、自己也有的文明病。而最常見的創傷後壓力症候

群，則是他們祖國施加壓力在他們身上的結果。然而，給傳染病尋找代罪羔羊是行之有年的傳統。人們將十四世紀的黑死病怪到猶太人頭上，害得他們受到整個歐洲的迫害。

所以我們要記得，智人愛遷移的傾向早就寫在基因裡。他們在六萬年前從非洲出發去探索世界，不論到哪裡，都帶著身上的細菌。這方面的最新發現是關於幽門螺旋桿菌（*Helicobacter pylori*）的描述，由二〇〇五年諾貝爾生醫獎得主澳洲微生物學家貝理・馬歇爾（Barry Marshall）和羅比・華倫（Robbie Warren）提出。

差不多一半的人身上都寄居著這種微生物，它們在胃部的酸性環境中定居，而且可能造成該處潰瘍或癌症等問題。這種細菌可不是隨機從一個人傳染給另一個人，而比較是由父母傳染給孩子，也就是人們熟知的「垂直」感染。

科學家已經證明，我們人類體內居住著特徵各異的幽門螺旋桿菌菌株，而如今，根據這些細菌種類的相似性來證明人類的遷徙活動，已經不是癡人說夢了。舉例來說，目前知道的是，今日歐洲人體內的幽門螺旋桿菌菌株，是一萬年前在近東地區，由某種非洲菌株與某種亞洲菌株結合而成的。

研究學者從五千三百年前的冰河木乃伊奧茲（Ötzi）體內，分離出幽門螺旋桿菌遺傳物質。與人們預期不同的是，這位新石器時代晚期居民擁有的細菌種類，在現代主要是被歸到中亞與南亞居民身上。

從這個發現，科學家得到一個結論：歐洲民族遷徙的路徑，比目前所知要複雜得多。對我來說，這則是再次顯示：那些在「國家」和「民族」的概念下我們視為理所當然的想法，若以近代人類史的視角來看，都是相當新的發明。

**預防公共交通工具上的傳染病**

- 認真看待疫苗接種預防措施（例如流感疫苗）
- 下車後洗手
- 避免接觸到流行的疾病（注意新聞報導很有幫助）
- 自己有良好的衛生習慣：生病時不旅行，在紙巾或腋下打噴嚏或咳嗽

# 運動會殺了你？談談健身房裡的細菌

多特蒙德足球隊（Borussia Dortmund）的球迷們在一九九七年的晚秋裡，殷殷期盼著一個戰功彪炳的球員歸隊。這個球員是馬提亞斯・薩默爾（Mathias Sammer），當年三十歲的他，在一場德國甲級足球聯賽的比賽中膝蓋受傷，然後被送往柏林動手術。一切看來似乎都是標準作業程序。

在這個時間點，沒有人會料到，身為多特蒙德和德國國家代表隊明星球員的他，從此再也無法以球員的身分踏上球場。更少人知道的是，當球迷們數著日子等他歸隊時，薩默爾正在與死神搏鬥。

手術結束之後，這位運動員的膝蓋腫脹得異常嚴重，醫師們對此毫無頭緒，後來才查出，原來薩默爾感染了多重抗藥性細菌，它們正在啃噬他受傷的膝蓋軟骨。面對這種突如其來的致命感染，醫師使用的各種抗生素都一一失效。

最後只剩下唯一一個備用計畫能夠挽救這名足球員的性命了。然後，奇蹟發生，藥物終於開始反攻，薩默爾僥倖保住性命，真是萬幸！很多感染上這種多重抗藥性細菌的病人都沒能活下來。在德國醫院裡，每年都有一千至四千名病人死於院內多重抗藥性細菌感染。

薩默爾的案例有什麼特別之處嗎？一九九七年，當時只有少數人知道ＭＲＳＡ這幾個字母的組合代表什麼，而薩默爾非自願性地在這個如今已廣為人知，且引起不小恐慌的議題上，成為了某種先驅。

ＭＲＳＡ是「抗藥性金黃色葡萄球菌」（Multiresistenter *Staphylococcus aureus*）的縮寫。葡萄球菌是皮膚上的細菌，據估計，高達百分之五十的人身上都帶有葡萄球菌，但這沒什麼好驚慌的，這些細菌通常附著在皮膚或黏膜上，例如鼻腔裡。只不過，當人們受葡萄球菌感染時，分離檢測出的葡萄球菌菌株，大約百分之十至二十五都具有多重抗藥性。

## 皮膚上的危險居民

ＭＲＳＡ跟其他會引起感染的細菌不同，它不會讓健康的人生病。只有在病人的免疫系統遭受嚴重攻擊，或這種細菌進入傷口的時候，才會成為問題。薩默爾的例子就是這樣。

而毀掉這位歐洲一九九六年度球員運動生涯的ＭＲＳＡ，究竟是從哪兒來的，大家仍然沒有答案。然而，可以想像的是，這種細菌潛伏在他的皮膚上已經有一段時間了。一般而言，每個人都有可能遭ＭＲＳＡ感染，而且運動員如果從事的運動項目會有肌膚接觸的話，感染的機率更高。

還有，平均來說，運動員也會因為受傷或其他療程需要，例如物理治療，比較經常暴露在醫院環境。除此之外，他們經常逗留的場所，像更衣室或健身房，這些地方的衛生標準往往差強人意。

馬提亞斯・薩默爾的故事因為他個人的知名度，引起了廣大的關注。他在不久之前，才親自將那次感染ＭＲＳＡ的悲劇公諸於世，只不過，卻沒能引發什麼有意義的討

論。

這在美國就不同了。各類運動（例如籃球、冰上曲棍球和美式足球）的聯盟裡發生的各種感染個案，已使得聯盟或協會負責單位確信，這種超級細菌帶來的威脅十分嚴峻。

正如《紐約時報》所報導的，國家美式足球聯盟（NFL）已發行了一本三一五頁的手冊，來幫助球員避免感染MRSA。手冊裡鉅細靡遺地列出衛生準則清單，甚至包含了清潔劑正確的裝瓶方法。

葡萄球菌是皮膚細菌，所以只要是與人接觸，或者觸摸東西，到處都有它們——包括MRSA。因此，具有運動傳統的大學無不致力於尋找能遏止細菌擴散的物質和措施，將細菌在萌芽之際就撲殺掉。於是，許多高度現代化且昂貴的方法誕生了，例如使用臭氧來消毒運動器材，因為臭氧能夠非常有效地殺死細菌。

## 像職業球員般散播病菌

可惜，我們幾乎沒辦法期待一般的運動能享有如此昂貴的清潔措施，而這可能會漸漸成為一個問題，因為如今，業餘人士的運動場所幾乎已經到達專業級的水準了。二〇一七年，德國大約有一〇六〇萬人在超過八九八八家健身房中運動，根據一項問卷調查的結果，大多數健身房會員每週健身多次。

基本上，這些業餘人士接觸到危險病菌的機會，不會比專業運動員少。有幾個檢測健身房細菌密度的實驗發表了引人關注的數據。

某個檢測發現，在跑步機和健身車的把手上，每平方公分有超過二十萬隻細菌。每平方公分的啞鈴則有十八萬隻。

對健身房進行的分子分析證實，其中主要是典型的皮膚細菌，例如葡萄球菌，也常態性地發現MRSA的存在。

我們該怎麼解釋這麼高的細菌密度呢？

在健身房這類的溫暖環境中，身體會透過急促的吸吐氣、唾液以及（尤其是）排

汗來排出很多熱氣。做運動時，人們特別會透過汗腺的汗液來冷卻皮膚。而汗液主要由水、鹽和小生物分子如乳酸、胺基酸、尿素與胜肽（Peptiden）組成。在我們身上，細菌居住密度最高的前幾名是口腔和皮膚，每平方公分的腋窩大約可以找到一百萬隻細菌。

對微生物來說，汗液不是很友善的生存環境，因為它又酸又鹹。但是皮膚微生物對於和皮膚分泌物共同生活已經習以為常了。汗液還可能把微生物從比較深層的皮膚帶到表面，如此一來，當我們用汗水淋漓的皮膚觸摸物體表面時，就會有更多微生物被轉載其上。

所以健身時和健身後，遵守基本的衛生規則就更重要了（請見第一九一頁）。但是健身教練卻觀察到許多令人費解的行為，尤其是年輕人，健身完沒洗澡就換上衣服離開，雖然這麼做可能是因為想避開不那麼舒服的淋浴間。

另外，在年輕族群間，還有一個風氣也值得注意：使用刮鬍刀替全身除毛。這麼做有很高的風險會割傷皮膚，讓細菌從這些傷口進入體內器官。

## 隔離MRSA的帶原者？

在德國醫院裡感染ＭＲＳＡ的人數，似乎有微幅下降的趨勢。有些醫院為了抑制多重抗藥性細菌的擴散，採取了非常激烈的措施，但是誠如科隆傳染病學家杰德．費特肯豪爾（Gerd Fätkenheuer）團隊的研究顯示，顯然不是所有的方法都有意義。

徹底消毒手部，以及帶有傳染風險的病人每天洗澡，證實的確有效，而且此研究證明，那是抑制ＭＲＳＡ最有效的方法。

然而，篩檢措施（Screenings），也就是對假定有感染ＭＲＳＡ的高危險群做檢測，並且隔離測驗結果為陽性的病人，則經證實幾乎不建議採用。費特肯豪爾的研究團隊認為，若將ＭＲＳＡ帶原者未來的治療成效列入評估條件，那麼隔離措施其實是帶來負面的效果，對此，他們提出了平凡無奇卻十分合理的解釋：帶原者被貼上有問題的標籤後，就會減少就診次數，而且自癒能力也會變差。

至於一般大眾的帶原情況如何，幾乎找不到什麼可靠的統計資料。很多人甚至不知道自己是危險細菌的帶原者。在某次檢查時意外發現身上帶有ＭＲＳＡ時，通常十

分震驚。

「隔離」、「MRSA陽性」等概念，搭配關於多重抗藥性細菌有多危險的種種警告，讓人不禁聯想到愛滋病毒和愛滋病。雖然如此，愛滋病毒與愛滋病的負面影響程度，與MRSA完全不同。愛滋病毒是透過血液傳播的，而且會危及生命，是至今仍然無法根治的免疫不全疾病。而感染MRSA很多時候都是可以治癒的，細菌本身甚至會自己消失。

就這點來說，身上帶有抗藥性細菌並不是多麼嚴重的事，話雖如此，我們還是要嚴肅以對。感染者將此細菌完全殲滅是辦得到的，除了展開抗生素療程之外，還要進行為期約莫一週的居家加強清潔打掃。而是否真的有必要展開MRSA療程，則要依病患個人的病史來決定。

## 任何人都能助長抗藥性

一個只是想做點運動的無辜小市民，能否做點什麼來讓多重抗藥性細菌的問題不

再惡化？

答案很清楚：可以！

我們對待抗生素的態度往往就是太過輕率了，我們必須知道，每個人都可能因為自己的行為強化了某種細菌的抗藥性。

任何人都可能基於微不足道的理由助長了危險超級細菌的誕生，例如，因為感冒而開始吃抗生素，卻不吃完療程的最後一顆藥，把剩下的藥沖下馬桶。

這個行為會使得剩餘的劑量不足，無法將致病細菌統統殺光，於是對藥物比較不敏感的細菌得以存活下來繼續擴大版圖。人們愈常服用抗生素，就會有愈多細菌對藥效沒反應，最終便產生了抗生素殺不死的抗藥性細菌。

由於這種病原體繁殖速度極快，而且能透過遺傳物質將抗藥性傳遞給其他細菌，所以導致抗藥性迅速擴散。

這麼說來，稍早提過的「運動殺人理論」其實是對的？不是的，若因為害怕感染多重抗藥性細菌而不運動，那才是大錯特錯。

運動能增強免疫系統，已經證實可以促進健康，保護我們不受傳染病侵害。專家

給一般人的運動建議是，跑步十五至二十五公里，平均分散在一週三至四次執行。

我很希望太座漏讀這一段，如果我沒記錯的話，上一次我為了運動而穿上球鞋的那時，德國的通用貨幣還叫做「馬克」。

**健身房衛生小撇步**

- 健身結束後洗手，上完廁所也要洗手（請為一同健身的同好著想）。
- 毛巾多帶幾條，可以鋪在健身器材上（兩面不同顏色的毛巾：一面接觸器材，另一面可以坐）、可以擦汗，也可以用在淋浴後擦乾身體。
- 淋浴後確實擦乾足部，腳趾之間也要仔細擦乾；要穿浴廁拖鞋（預防足部真菌感染）。
- 生病時不要去健身房；傷口要貼ＯＫ繃或者妥善包紮。
- 運動服和毛巾等，健身完要馬上清洗，清洗時的理想溫度為攝氏六十

度，並且使用洗衣粉。機能衣能洗多高的溫度，就洗多高的溫度。沒有必要使用特殊清潔劑。衣物要確實晾乾，鞋子也是。

- 健身房應當定期清潔健身器材（詢問清潔時間表）。
- 別吃同化類固醇（Anabolika），會削弱免疫力。

# 「爸爸，那是蟲嗎？！」兒童、寵物、寄生蟲

兒童和寵物一口氣講完，乍看之下似乎有點魯莽沒禮貌。但是後面我們會看到，從居家衛生的角度來看，兩者帶來的挑戰其實很類似。

大部分會感染人類的傳染病，罪魁禍首無疑幾乎都是動物。不過，最糟糕的疾病並不是來自貓狗這些我們德國人長久以來的寵物寶貝。

從微生物學的角度來看，兒童才是家庭裡真正的試煉。他們發自內心漠視所有的衛生規矩，絲毫不退縮地舔馬桶刷，態度強硬地拒絕洗手，還從外面帶進不受歡迎的寄生蟲，例如蟯蟲和頭蝨（這兩種寄生蟲登上三歲前常見的十二種傳染病名單，並且有相當比例的孩子會繼續傳染給手足和父母）。

除此之外，我們還不能低估被人咬的感染風險，危險程度起碼和被動物咬一樣高。我們應該知道，如果懷裡的兩歲兒子像咬香腸一樣在我們手臂上咬一口，之前再

三提及的壞菌金黃色葡萄球菌必然伴隨其中，它永遠有可能引發感染或敗血症。

從科學的角度來看，更有趣的是人和動物之間致病原的交互作用。會在人和動物之間傳染的疾病，叫做「人畜共通傳染病」。

值得一提的是，具傳染力的病原體，傳染路徑是雙向的，飼主很有可能將疾病傳染給他們健康的狗。

## 來自動物界的致病細菌

現在我們非常清楚地知道，已知的人類疾病中，大約百分之六十來自動物界。幾乎所有會成為報紙頭條的災難性傳染病、那些會散播恐慌的傳染病，都算在此類。在此提供一個精簡的名單：狂犬病、B型肝炎、禽流感和豬流感、黃熱病、伊波拉病毒、狂牛症（BSE）、蜱媒腦炎（Frühsommer-Meningoenzephalitis）、腸道出血性大腸桿菌、肺結核、炭疽病（Milzbrand）、鼠疫、瘧疾、弓漿蟲、絛蟲（Bandwürmer）……

還有很多在今日只是人傳人的疾病，也和我們與寵物的親密互動有關係。原則

上，病原體（細菌、病毒或單細胞寄生蟲）早就存在於動物界很長一段時間了，後來才在遠古時代的某個時刻跑到人類身上。它們奇蹟似地沒有水土不服，從此適應了人類宿主。

麻疹這種人們熟知的兒童疾病，據推測可以回溯至十一或十二世紀變種的牛瘟病毒（Rinderpestvirus），時間點恰好就是人類和役牛緊密生活在一起的時期。

同時，研究學者也很有說服力地重建出愛滋病毒的傳播途徑。它非常可能是猿猴身上的猿猴免疫缺乏病毒（Simian Immunodeficiency Virus）的變種，在二十世紀早期數度傳播到人類身上。

大約一九二〇年左右，這種如今遍及全球的愛滋病毒在剛果金沙薩出現，它最初的幾十年間只在剛果盆地流行，直到一九六〇年代才抵達加勒比海，並於一九七〇年代擴散至北美洲。

導致肺結核的結核桿菌（*Mycobacterium tuberculosis*）也可能早在幾百萬年前，就從動物界傳播到人類的祖先身上了。

目前已知的人畜共通病原體約有兩百種。單單十三種動物傳染給人的病原體，就

已經每年造成全球二十五億起病例，超過兩百萬例死亡。

對醫師、流行病學家和微生物學家來說，人畜共通疾病的領域仍然隱藏了許多無法預測的因素。在德國，科學家要求設置國家資料數據庫，有了它，就能及早發現可能會爆發的流行病，甚至搶先一步阻止擴散。我們由此可以推論，疫情是否爆發，還涉及許多人們未知的因素，而發生在你我家中那些常見卻不受重視的事，也包括在內。

## 抓、咬、舔的感染風險高

寵物的防疫措施（尤其是狗和貓），非常有效地遏止了最糟糕的一種瘟疫：狂犬病。

按時帶自己的寵物去看獸醫，你可以免於各種病菌突如其來的危害。可惜不是每個飼主都認真看待這些預防措施，例如驅蟲治療。

大多數狗主人在意的反而是狗的品種和血統。養貓的人在這方面也沒有比較好，

同樣忽略定期檢查的重要性。貓傳播起疾病來，絲毫不比狗兒遜色，一旦被迷你虎的利齒咬到，病原體能夠潛入得更深。

前幾章已經提過，很多人得知，自己的皮膚上住著有抗藥性的危險細菌時，都大吃一驚。但是很少有飼主預期到，在他們寶貝寵物的毛皮裡可能藏匿著多重抗藥性細菌。潛伏於寵物身上的這些微生物，從此處找到進入飼主傷口的途徑，帶來致命的威脅。

除此之外，還有一長串的病菌能夠從寵物傳播到我們身上。這些病菌沒有辦法殺死或傷害一個健康的普通人，卻能短暫引起莫名的不舒適感，而且還找不到引起這種感覺的原因。

犬咬二氧化碳嗜纖維菌（*Capnocytophaga canimorsus*）這種細菌會經由動物啃咬傳播，免疫系統差的人會出現併發症，甚至致死。比較和緩的病程可能會有類似流感的症狀顯現，例如發燒、肌肉痠痛、嘔吐、腹瀉和頭痛等。

會得到貓抓病，可能是有韓瑟勒巴通氏菌（*Bartonella henselae*）經由抓傷或咬傷等途徑進入人體。

經過幾天的潛伏期，便會出現淋巴腺腫大、發燒、寒顫和頭痛等症狀。免疫力低下的人會有腦膜炎或心內膜炎的危險，甚至感染敗血症。

多包條蟲（Fuchsbandwurm）會引發人畜共通的氣泡狀胞蟲症（alveoläre Echinococcose），人一旦感染這種病就可能有生命危險。貓狗若吃到這種寄生蟲（例如吃了一隻受感染的老鼠），就會遭到感染，動物本身不會出現什麼症狀，但是牠們會排出含有多包條蟲卵的大便，人類可能透過幾乎不可見的途徑接觸到這些排泄物。撫摸受感染的動物後，也有可能經由手口接觸而引發感染，尤其是觸摸貓狗屁屁附近時。

弓漿蟲這種原生生物，主要是在貓的腸胃道裡生存與繁殖。如果孕婦遭到感染會有很大的危險，因為會嚴重傷害胎兒。但是，只有第一次感染是危險的。還沒有接觸過這種寄生蟲的婦女，在懷孕期間必須遠離貓和生肉。

## 和動物接觸時的滿足感

如果我們權衡利弊得失，從寵物身上得到的滿足感絕對勝過那些顧慮。甚至連柏林羅伯特科赫研究所（評估德國傳染病的最高機構），也強調飼養寵物的正面價值：「有益健康的原因包含，因為感覺被需要而對生活有較高的滿足感，透過接觸和觀察動物而紓壓，同時也能有更多的肢體和社交接觸。研究顯示，不少年長者與慢性病患都自認健康狀況改善了。」

因為動物對病人和被照護者有正面效益，所以牠們現在甚至能在有人管理的情況下，進入照護機構與醫療院所。

而且，與家畜或寵物接觸，也能從微生物的層次影響你我健康，這點已經獲得證據支持。美國科學家在《新英格蘭醫學期刊》（*New England Journal of Medicine*）發表的一篇研究報告格外受人矚目，該研究深入調查艾美許人（Amischen）和胡特爾人（Hutterer）的生活方式，結果證實了前述觀點。

這兩個新教信仰團體的倫理觀背景非常相似：艾美許人十七世紀時從瑞士移民美

國，而胡特爾派則是在十八世紀時，從南蒂羅爾省[7]朝這個新世界出發。

這兩個團體都過著十分低調的生活，他們都非常重視清潔衛生，抽菸是絕對不被容忍的。也因此，研究學者非常驚訝地發現，艾美許人雖然和胡特爾人有著相近的生活條件，但患有氣喘或其他過敏疾病的孩子卻比胡特爾人的孩子少了四至六倍。

然而，兩者間存在著一個顯著的差別：與艾美許人不同，胡特爾人經營著工業式的農業經濟。艾美許人在農地裡幹活時，完全不使用曳引機或任何其他機器。或許更加決定性的差別是：艾美許人的牲畜就圈養在住家附近，孩子們可以自由地在裡面玩耍。胡特爾人比較現代化的牲畜欄距離他們的住家很遠，孩子們必須與之保持距離。

研究顯示，艾美許人住家灰塵內的內毒素（Endotoxin）含量比較高，是造成差別的原因。內毒素是細菌細胞膜衰變的產物，具有增強免疫力的效果。老鼠實驗顯示，為了對抗內毒素，齧齒動物的先天免疫系統會啟動防禦反應。

艾美許孩子們被允許與動物保有密切關係，這麼做得到了很好的回報，與動物一起長大是有益的。對於這種長期且正面的效果，我們給出的解釋是，兒童身上的微生物組和免疫系統還具有可塑性。有個假設是這麼說的：透過與動物親密的接觸，各種

微生物得以長期駐留在兒童的腸胃道中，例如某些乳酸菌，在那裡刺激、強化其免疫系統。

我們在狗兒身上剛好就觀察到一種有趣的現象，隨著牠的年紀增長，外表會變得和飼主愈來愈像。比對兩者間的微生物組也證實了這種相似性。

## 問題兒童，問題父母

我現在對參加小孩的慶生會或小學校慶的興致，和在南法高速公路休息站上廁所的興致差不多低。當我聽到有人開玩笑地說：「這個馬鈴薯沙拉是孩子們自己做的。」我馬上想逃之夭夭。還有，如果不小心在一旁聽到這樣的母女對話：「這香桃妳應該可以吃了。妳今天早上拉肚子，不過現在應該已經好了……」同樣會讓我想腳底抹油，溜之大吉。

對一個微生物學家來說，這正是展現自己有容乃大的時候。孩子們會遭到各式各

7 Südtirol，位於義大利北部瑞士和奧地利邊境的阿爾卑斯山區。

樣的傳染病侵襲，他們自己也無可奈何，而且父母同樣跟著慘兮兮。

只要舉兩個例子，大家就能充分了解我的意思了。我們一家在阿爾高（Allgäu）健行時，七歲的兒子從一顆石頭後面走過來問我：「把拔，亞河（Aa）裡有那麼多白色蟲蟲是正常的嗎？」

這種差不多一公分長的白色蟯蟲（*Enterobius vermicularis*），孩子們在遊樂場或幼兒園經常接觸到。蟲卵會出現在混有大便的土裡、沙裡或者玩具上。

因為幼童老愛將手指或玩具放進嘴巴裡，寄生蟲便這麼進入了體內。

每兩人中就有一人曾和蟯蟲打過交道，它已經陪伴我們人類幾千年了。這種寄生蟲生活在腸道裡，雌蟲會在夜裡爬出肛門，在那裡產卵。因為會癢，孩子們便動手搔抓至流血，傷口會發炎，又癢到必須去抓。於是蟲卵又沾到孩子手上，再進入口中，構成了孩子們一再傳染給自己的惡性循環。

成人在抖開床單整理床鋪時，也可能遭傳染。除了展開驅蟲藥療程，有些時候也必須遵守幾項重要的衛生措施。

- 床單與內衣褲必須每天換洗。
- 清洗時必須至少有攝氏六十度高溫，而且一定要使用完整的洗程和粉狀洗衣劑。
- 被單床單不要抖開。
- 兒童的指甲剪得短短的，絕對有好處，因為搔癢至流血的危險可以降低。

身為三個孩子的父親，我和其他家長經常有接觸，從未有誰主動來跟我說：「欸，我們家現在有蟯蟲。」

事關頭蝨的話，大家的行為也差不多如此。頭蝨是典型的兒童疾病，絕對不是衛生欠佳的標誌。在放大鏡底下，這種昆蟲看起來的確令人厭惡，但是我們很容易就能擺脫它們。使用齒梳將髮間的蟲卵梳下來，再用特別的殺頭蝨洗髮精洗頭，頭蝨不久就會消失。

雖然如此，染上頭蝨卻被視為一大污點，幼兒園和小學孩童都拒絕承認，以至於無法找出頭蝨的來源，徹底消滅它。

在微生物學家眼中，有一種最可疑的動物最近卻登堂入室，原因是它真的太可愛了，不過它身上藏匿的細菌卻多得讓人咋舌。蘇黎世聯邦理工學院研究了黃色小鴨，發現百分之八十的黃色小鴨挾帶了可能致病的細菌，其中超過半數小鴨還長了各種不同的真菌。

在這隻塑膠動物上，每平方公分住著五百萬至七千三百萬隻細菌。研究學者幾乎是有點抱歉地宣布，這研究結果「不是那麼可愛」。

**跟寵物相處的衛生小撇步**

- 不親嘴，保護傷口
- 禁止上桌，禁止上床（只限動物伴侶）
- 清理籠子或便盆時請戴手套，避免吸入灰塵
- 撫摸完寵物請洗手

- 觀察被咬或被抓的傷口，有發炎跡象馬上就醫
- 落實預防寄生蟲的措施，按照獸醫指示施打疫苗
- 幼童、年長者、孕婦、免疫力較差的人，不用多說，當然要特別當心

# 第四章

# 桿菌博士和病菌先生

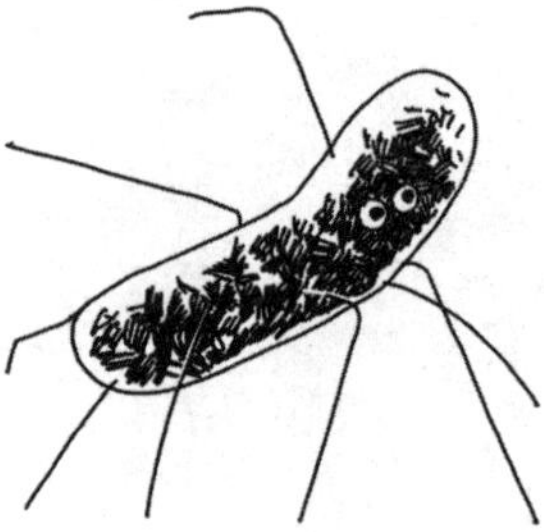

# 論人類真正的苦難：汗液、口臭和痘痘

微生物必須為人類承受的苦難負責，但真正的苦難是什麼？黑死病、霍亂、天花、肺結核和愛滋病？還是痘痘、口臭和腋下出汗？

二〇一八年，德國人總共花了一七一億歐元在藥妝商品上，沒有任何商品市場比面霜、乳液和洗髮精更有抵擋經濟危機的能力。很多人寧願不去度假、不買車，或對生活必需品省吃儉用，也不肯放棄香水、唇膏或染髮劑。

化妝品處在一個難以捉摸的灰色地帶，它最大的吸引力來自於，保證讓人使用之後能變得更美、更有魅力，但究竟如何產生這些改變卻交代得不清不楚。

當我二〇〇六年開始在漢高公司微生物部門擔任微生物分析實驗室主任時，一切看得我目瞪口呆。我們不做科學考量，而是去定義感覺和美容商品的全球趨勢；我們也不討論特定的化學有效成分或微生物，而是討論「清新」、「滋潤」或「有光澤」

等概念。

照此邏輯，我們在工作上必須完成的委派指令是：「我們的目標定在『加倍清新』，請您為此發展出一個測試。」或者：「請您提供我們一個『光澤度增加百分之百』的概念。」

## 消費者想被欺騙嗎？

消費者只要使用產品（例如敷上面膜），就應該有魔法出現，而且完全是「魔法」字面上的意義，因為消費者當然知道，商品的內容物不會減少皺紋，更別說是回春了。

我甚至相信，化妝品工業是唯一一個消費者甘願受騙的產業。沒錯，一個商品的廣告說詞、所謂的訴求，不能是謊言，但最終，我們必須用閱讀旅行社行程說明那樣的態度，來理解這些廣告說詞。我們必須弄清楚，「位於鬧區的一般飯店」是不是一個位於龍蛇混雜地區、一點都不舒適的青年旅館。如果化妝品像牙膏一樣以預防疾病

為目的，那麼籠統是被允許的；但如果產品會像藥物一樣透過皮膚滲入體內、影響全身，閃爍其詞就必須被禁止。

我們要明白，在生產化妝品的大公司裡，佔主導地位的是行銷部門，不是研發部門。這個事實可能讓科學家感到沮喪。

如果一個產品終於找到某種完美原料，它相當便宜、沒有毒性，也不會引起過敏反應；它不在競爭對手的專利裡，不會改變產品的顏色或意料之外地改變了產品的性質；它可以保存很久，而且最棒的是很有效。那麼此時，行銷部門很有可能就會跳出來打亂你的如意算盤。

## 白就是新的綠

為了吸引消費者的興趣，每個化妝產品都需要一個「故事」，是產品的特性（不論是真正擁有，還是號稱擁有的特性），讓一款面霜或沐浴乳成為消費者願望的投射。故事裡最重要的是具廣告效果的原料成分，比如說，有一陣子主角是綠茶，我們

可以懷疑，產品的品質是否因為添加了這種成分而有某種程度的改善，但無論如何，茶是健康、平靜與亞洲智慧的代名詞，有一段時間，以此建構出來的故事效果一直非常好。然後，行銷部門突然告知我們：「不了，不行，綠茶已經退流行了……我們現在需要某種白茶。你也知道，『白就是新的綠』。」

我們測試了很多有潛力的原料成分，有一次甚至測試了隕石粉塵，這個原料會是絕佳的故事素材，可惜它在化妝產品中除了具備異國色彩之外，沒有其他價值。

當然，有些化妝品必須真的有效，身體除臭劑就是最好的例子。光靠故事，是賣不動這個產品的。如果它的「效果」不好，消費者馬上就會察覺。

人類新鮮的汗液是無味無臭的，要等十五至三十分鐘之後，才會開始產生味道。皮膚上的微生物是主因，尤其是腋下的微生物，它們會慢慢分解汗液，在分解的同時產生揮發性的化合物，例如類固醇、支鏈脂肪酸以及硫醇，而這些物質我們的鼻子都能清楚覺察。

汗臭的組成非常複雜，不過有幾個固定的成分。其中之一是3M2H（一種有機酸），這是我們早晨在電梯裡遇見清潔人員時，會注意到的味道。而這種霉臭、酸餿

的味道，在那合成纖維的工作服上，已經分解又合成好幾個小時了。

此外還有含硫磺的成分，也就是 3-Methyl-3-Sulfanyl-Hexan-1-ol，汗液中雖然只含有極少量這種濃縮液，但是一公升的水中只要有兆分之一公克的這種物質，訓練有素的人類鼻子就能夠清楚聞到。這個比例是，假如我們在波登湖（Bodensee）裡溶入五十公克這種物質，那山羊味一般的刺鼻氣味，會讓每個來此欣賞湖光水色的遊客立刻轉身逃之夭夭。

## 對抗腋下汗液的兩難

腋下對微生物來說，是理想的生活環境：潮溼、溫暖、受到保護、表面積很大（因為有腋毛），也因為有很多腺體所以營養豐富。這裡的皮膚微生物密度達到最高，每平方公分有超過一百萬隻細菌。

腋下微生物的多樣性適中，差不多有五十種細菌活躍於此，其中最常見、對產生體味最關鍵的是棒狀桿菌（Corynebacterium）和葡萄球菌。它們擁有能夠從汗液中分

解出氣味的酶。

汗液基本上會引起兩大麻煩：腋下潮溼與氣味。化妝品工業熟知兩種應對策略，一種是除臭劑（Deodorantien），裡頭最重要的是酒精，這種有效成分能對付會產生氣味的細菌；另一種則是用香水掩蓋體味，製成身體噴霧，可以噴灑在全身。

缺點是，酒精有可能會刺激皮膚，而且除臭劑無法解決汗溼的問題。

止汗劑含有一種特別的成分，能透過改變汗液蛋白質的性質，讓所謂的內分泌汗腺窄化，阻礙其分泌，這樣一來腋窩便能保持乾爽。再加上其他能夠抑制微生物的成分，就能有效控制住潮溼和異味了。其中最主要的有效成分是氯化羥鋁（Aluminumchlorohydrat）。

缺點是，鋁離子可能對植物和人體有毒，舉例來說，我們經常將森林的消失歸咎於鋁的毒性，因為酸雨會讓黏土礦物中的鋁離子溶進土裡，而且鋁更是導致阿茲海默症和肺癌的最大嫌疑犯。然而，至今仍沒有任何研究能夠證明，止汗劑的使用和這兩種疾病的關聯性，甚至是造成影響的機制。

雖然如此，使用者對此還是很敏感，業界也在尋找其他成分來取代氯化羥鋁。但

據我所知，目前還找不到其他成分能像它這樣，止汗效果良好且成本低廉。鋁給消費者的印象這麼差，所以很多除臭劑都特別標明「不含鋁成分！」。不過話說回來，除臭劑本來就一直不含鋁。

如果鋁的效果這麼好，讓人無法割捨，身為使用者的我們到底能夠做什麼，來保護自己避免其危害呢？

### 合理地使用含鋁止汗劑

- 適度使用止汗劑，最多一天一次或一週使用若干次，必要時，額外搭配除臭劑。
- 皮膚受傷時（例如在刮毛後）不要使用。
- 刮掉腋毛比較衛生，因為乾得比較快，微生物滋生的可能性會降低，也讓氣味源比較沒有機會附著。

- 因為夜晚睡眠時的活動較少，作用時間較長，所以晚上使用能夠增強止汗劑功效。
- 確實將腋窩清洗乾淨（減少微生物的養分供給）。
- 限制其他來源的鋁攝取量，例如注意食物（酸性食物不要放在鋁箔上，不要抽菸等等）。
- 穿著吸汗的質料，例如將T恤穿在外衣裡。

## 對付腐臭味道的新策略

截至目前為止，許多研究都指出，除了具有爭議性的鋁離子之外，止汗劑可能還有一個缺點：在腋下使用止汗劑，似乎會增加放線菌（Actinobacteria）的數量，放線菌屬於棒狀桿菌屬，是氣味的主要製造者。

所以，目前體味研究領域希望，未來不再以對付細菌的有效物質為首選，而是在

這場汗液戰爭中，開發出一些能夠促進益菌生[8]和益生菌的策略。可以想像的是，一旦加入益菌生這種有效成分，來促進沒什麼味道、甚至完全無味的腋窩細菌增生，自然就能驅逐氣味強烈的細菌。還有，直接使用細菌（益生菌），也在討論範圍內。以臭味聞名的腋窩細菌，有很多親戚顯然沒那麼喜歡製造異味。

有個想法和糞便移植的研究很類似：將氣味明顯的腋下菌群替換成明顯較無味的菌群。但這個構想現階段不過是天馬行空的幻想。

在漢高公司裡，我的主要貢獻是，尋找某種合成或天然成分，來阻礙細菌的酶釋出味道分子。檸檬酸三乙酯（Triethylcitrat）就是這樣一種能起阻礙作用的物質，很多除臭劑和止汗劑裡都有添加。

這個研究背後的想法是，只去阻礙麻煩的臭酶，但是讓細菌本身可以繼續存活。目前的成果差強人意。而且，也不可能乾脆地再加入其他有效成分，來與酒精或氯化羥鋁這類殺手聯手出擊。尤其是，基於成本考量，額外添加的成分只能有一點點，這就像想在森林大火中測試一根火柴的功效一樣。

有一則來自瑞士的有趣小故事。某家香水公司將香料和類似汗液的物質配對，然

後讓細菌的酶去吃那香料，等於是利用腋窩微生物群裡的敵人，使得令人愉悅的香味自然地散發出來。非常聰明，但是用在日常的衛生習慣裡實在太過昂貴！

關於酸臭微生物的研究還證明了一點，那就是，基本上我們對微生物的所知是多麼少得可憐。

我最喜歡的諸多研究當中，其中一個來自競爭對手拜爾斯道夫公司（Beiersdorf，也就是妮維亞）。該研究解釋了耳垢的黏稠度和體味濃度之間的關係。日本人類學家足立文太郎（Buntarō Adachi）早在一九三七年就已經發現兩者可能有關，並且在當時知名的《人種學期刊》（*Zeitschrift für Rassenkunde*）上發表了自己的觀察。

他指出，亞洲人的耳垢大多顏色淺淡且乾燥，沒什麼味道；而高加索人（Kaukasier）則傾向有濃重的體味，而且耳垢又黃又油膩。

拜爾斯道夫公司用研究證明，將腺體內的汗液成分送上皮膚表層，以及耳垢的形成，都是同一種運輸蛋白運作下的結果。

很多亞洲人的這種蛋白因為突變而無法順利運作，令人驚訝的是，這種突變遍及

---

8 Präbiotika，又譯為益菌質，是指能促進益生菌生長繁殖的營養成分，例如纖維素。

亞洲地區相當大的範圍。該論文用人類為了提高繁衍成功率來解釋這種現象，畢竟比起我們歐陸地區，亞洲確實有更嚴格的體味禁忌。

## 消費者的矛盾心理

我們從微生物學的角度，已經可以穩穩掌握多數能夠靠美妝用品解決的問題。而因為這種目的而存在市面上的商品，應該已經夠用了。不過，公司集團其實很清楚，消費者的消費行為會受到某種矛盾心理所推動：他們一方面喜愛一直以來習慣使用的產品，另一方面，又很享受新產品帶來的驚喜。

我自己就非常容易受到行銷手法的左右。只要喜歡的產品中有「來亂的」成分出現，還號稱有「新配方」或「添加優格」，我就會立即入手。

業者如何利用行銷手法將愚蠢的新產品擠進市場，現代的沐浴乳是很好的例子。裡頭添加的抗菌成分不只多餘，甚至還可能有害健康，因為皮膚需要多樣化的微生物群。一瓶沐浴乳只要能夠清潔皮膚、不會讓皮膚變得乾燥，而且將皮膚的酸鹼值維持

在酸性，就算功德圓滿了。

青春痘是全球最常見的皮膚病，所以是美妝產業眼中的肥肉。對那些必須帶著痘痘上學的年輕人來說，這種皮膚病當然是天大的災難；不過，對衛生用品公司來說，肌膚的清潔問題卻是擄獲年輕消費者的大好機會。

青春痘會形成，是因為在青春期荷爾蒙的作用下，皮脂會阻塞毛囊，為細菌提供了沃土。痤瘡丙酸桿菌（*Cutibacterium acnes*）在阻塞、缺氧的毛囊裡生生不息，造成發炎。

骯髒的皮膚是青春痘的和緩形式（或稱醞釀期），洗面乳這種美妝用品能派上用場，裡面的清潔成分能洗掉過剩的油脂，於是表皮剝落，毛孔張開，殺菌成分如水楊酸（Salicylsäure）和過氧化苯醯（Benzoylperoxid）就能發揮效果。

但若是真正的青春痘，美妝產品就束手無策了，此時必須仰賴荷爾蒙或抗生素，又或者是高濃度的過氧化苯醯藥膏。由於不是所有的丙酸桿菌菌株都會讓人冒痘痘，所以也已經出現初步的益生菌療法。

## 為什麼嘴巴聞起來跟大腸一樣臭

嘴巴是人體內微生物居住數量第二多的地方，僅次於腸道。當口腔的細菌以牙菌斑（Plaque）的姿態出現時，最容易為人們所察覺。牙菌斑是牙齒和舌頭表層的生物膜，會造成蛀牙、牙周病和口臭。

牙垢裡的細菌是兼性厭氧菌（fakultative Anaerobier），行代謝作用時不需要氧氣，因此，會在牙齒表面進行乳酸發酵，而乳酸會腐蝕且毀壞牙齒的琺瑯質。

當厭氧菌在分解有機物時，會伴隨產生令人不快的氣味，此時你幾乎分辨不出哪個是嘴巴，哪個是大腸。

口臭取決於過程中釋放出來的是硫化氫（Schwefelwasserstoff）、丁酸（Buttersäure），還是糞臭素。在測量這些物質，以及因為這些物質所產生的口臭程度時，人們使用「口臭公尺」（Halimeter）為單位。不過口臭的成因眾多，口腔衛生欠佳只是原因之一。

身為前漢高員工，我就直截了當地告訴諸位：市面上的美妝用品和保養品充斥著

濫竽，我們得到的不一定是自己想要的。有些產品（例如牙膏）含有過多添加物。想維持牙齒和口腔衛生，最重要的就是，一天多次用牙刷和牙線清潔牙齒和舌頭上的牙菌斑。

基本上幾乎不需要什麼別的。泡沫、口味、漱口水，尤其是殺菌成分，例如鋅，甚至是三氯沙（Triclosan），全都是多餘的。唯一真正有意義的是氟化物，能預防蛀牙。由於氟確實具有毒性，所以該不該添加氟的議題每隔一段時間就會被提起，但一個十五公斤的孩子要氟中毒，必須吃進一整條牙膏才行。基於這個理由，兒童牙膏經常不含氟，孩子們則是透過吃氟錠來達到強化琺瑯質的效果。

總之，德國聯邦牙醫公會在二〇一六年委託進行的口腔健康調查顯示，百分之八十以上的十二歲兒童沒有蛀牙紀錄。能有這種傑出的正向發展，氟化物居功厥偉，因為它能幫助身體將鈣質和其他礦物質融入琺瑯質，預防蛀牙。

漢高公司管理階層的培訓課程中，也包含了如何有條有理地對員工與同事說話。難度最高的訓練還包括，如何委婉地對某人指出他有口臭或狐臭。小心！不能太直接（「你好臭！」），而且還要察顏觀色，是不是要私底下一對一談談，已經有很多

同事聞到「它」（代表這不是你自己的主觀印象），「它」真的很讓人討厭，以及「它」很好解決，有很多方法可用（更換衣服、騎完腳踏車要洗澡、要刷牙等等），尤其是，我們公司還是個藥妝集團呢。

日後回想起來，我真的很慶幸自己在漢高公司四年多，從來不曾需要進行這種談話，不論是說別人，還是被別人說。

# 摸著你的良心老實說：我多常洗手？

關於本書內容，我們也可以總結成以下這麼短短一句：請勤洗手！講到居家衛生問題，這是衛生專家所能提出，甚至必須提出的首要且最基本的建議。

幸好，醫學界也承認這件事：如果手部的消毒殺菌有確實執行，至少三分之一的感染能免於發生，這對殺傷力相對較小的一般感冒和腸胃炎有用，對避免感染危險的多重抗藥性細菌也同樣有效。

根據聯邦健康教育中心（BZgA）所發布的訊息，使用肥皂徹底洗手，可以將感染肺炎和腹瀉的風險降低至少百分之五十。

雖然如此，洗手衛生仍是不可饒恕地遭到忽視。根據一份二〇一七年的問卷調查，甚至有三分之一的德國人不洗手便上桌吃飯。還有正如國家醫院病菌監控中心（Nationale Referenzzentrum für die Überwachung von Krankenhauskeimen）所抱怨的，醫

師和醫護人員接觸病人之後，竟然沒做最重要的洗手消毒。

這種行為背後隱藏的，絕對不是惡意。醫師經常病人一個接著一個看，前後病人之間鮮少有洗手的時間。再來就是，醫師與醫護人員本來就基於職業需要，比一般人更經常消毒和清洗雙手了。

這個衛生習慣讓不少醫療從業人員付出代價，得到手部溼疹，又癢又痛。不出幾年前，業內通行的規則是在手術前將手「確實刷洗」乾淨，但現在大家對此抱持保留態度，因為這麼刷洗可能在手部留下傷口，感染與發炎的風險反而更高。如今大家更重視的是保養手部和皮膚上的自然保護膜。這對一般家庭也適用，可以預防手部皮膚受傷。

## 致命的「屍毒」

十九世紀後半，大家對於動手術不戴手套、不須洗手習以為常。維也納綜合醫院婦產科的助理醫師伊格納茲・菲利普・塞麥爾維斯（Ignaz Philipp Semmelweis, 1818-

1865）為了產婦的高死亡率想破頭，當時他對於極其微小的病原體還一無所知，但直覺告訴他，這麼多產婦在生產時死亡，一定和接生醫師沒洗手有關，更何況醫師進產房之前，經常正在解剖屍體。

塞麥爾維斯推測，醫師是在處置病人時，將危險的「屍毒」（Cadavertheile）帶給了病人。身為對微生物一無所知的十九世紀中葉醫師，這是非常敏銳的推斷。

基於自己的觀察，這位婦產科醫師於是要求同事每次進行診療之前，先用漂白粉（Chlorkalk）溶液洗手消毒。醫師的手居然有傳染疾病的嫌疑，所有醫師都認為這是大不敬的想法。雖然今日的我們無法想像，但當時塞麥爾維斯超前時代的衛生建議，遭到同事們嗤之以鼻。

這位醫師的不幸遭遇可惜仍然繼續。一八六五年，四十七歲的塞麥爾維斯神祕地死在一所維也納的精神病院裡。他在死後才洗刷污名，被現代醫學界尊為英雄，並且在二十世紀成為「母親的救星」。

大約一百五十年之後，關於醫師診療時手部衛生的討論，擴及一個新面向。醫師和病人之間禮貌性的握手，或許很快將成為過去，因為比起以拳頭碰拳頭或擊掌的美

式問候法，傳統的握手傳遞的病菌較多。許多診所早已不再以握手的方式問候病人。

醫師們對此想法相當分歧，畢竟「望、聞、問、切」的最後一步還是必須動「手」。但另一方面，醫師每天要握手超過一百次，縱使現代的消毒劑有保護皮膚原有護膜的效果，但是一天使用上百次，仍然會造成皮膚的負擔。為了某種傳染病而前來就診的病人，若能主動不與醫師握手打招呼，就能夠化解這種為難的情況了。

## 三十秒的細緻周到

居家的洗手衛生雖然有點費事，但比起洗手的巨大好處，根本不值一提，大家都是這麼想的。然而，這件看似簡單的日常事務卻困擾了這麼多人，實在讓人不解。於是我們想，這應該和那些必須認真遵守的洗手程序有關吧。洗一次手最少要花三十秒，並且確保肥皂仔細分布並且塗抹均勻——指縫、大拇指周圍、以及指甲縫隙，統統不可遺漏。

大家都公認，使用肥皂比清水洗手更能清除細菌。洗手後，細菌量會降低十至

一千倍。但肥皂用量充足很重要，所以才會有一項研究這麼說：肥皂用量比較多的時候，一般肥皂和殺菌肥皂一樣，都能夠大幅減少細菌量。

但如果手邊沒有肥皂呢？有些微生物學家認為，這樣的話不如就別洗手了，因為如果只沾沾水，反而會讓手上的細菌更活躍。也有人持反對意見：就算只是清水，也能讓細菌量些微減少（但絕對可以測量得出來）。我本身傾向後者。

在醫院裡，在維持衛生和進行外科手術前，手部消毒必須遵從硬性規定好的程序。一般住家，如果有病人在家休養，那麼使用消毒劑絕對有必要，但如果是一般時候，就免了吧。不過，如果肥皂剛好用完，我們還是可以使用一下消毒劑，這種窘境在公共廁所其實常常遇到。

長期來看，手部消毒劑（其實所有的消毒劑都是）會無差別地殺死所有細菌，包括組建皮膚表層微酸護膜的好菌、促進免疫力的好菌，以及與致病微生物抗衡的好菌。

水的溫度也是門大學問，有很長一段時間，大家以為要用熱水洗手才洗得乾淨。如今，這派觀點早已被取代，因為熱水會洗去皮膚脂肪，讓皮膚快速變得粗糙、乾

裂，而這些傷口正好是病菌進入人體的大門。溫水最能洗去不速之客，冷水結合肥皂也同樣有效。

## 邋遢的男性

經常有人問我，我們一天到底應該洗幾次手？洗手的意義不是做完一定的配額。如果你整天躺在床上，除了被子不會接觸到其他東西，那你不必洗手。不然的話，就依循下列原則：

- 煮飯前後
- 用餐前
- 化妝前
- 上完廁所
- 給孩子換好尿布後

- 接觸動物或病人之後
- 處理完垃圾之後
- 每次從外面回家，不論是長期旅行歸來，還是去隔壁超市買個東西而已

不同的研究都證明，男人在洗手這方面比女人馬虎。某位美國微生物學家的研究更指出，人類手部的微生物居民也因為性別不同而有差異。

諾亞．費爾教授（Noah Fierer）在科羅拉多大學（University of Colorado，位於波德〔Boulder〕）實驗室所做的研究，幾乎沒有其他科學家能出其右，他詳盡地調查了手部的微生物群，在一百多隻手上，發現了大約四千八百種細菌，等同於消化器官裡的微生物多樣性。

這道理非常簡單，沒有哪個身體部位能像雙手接觸到如此五花八門的表面。正因如此，也沒有哪個部位的微生物群，能像手部皮膚的微生物群那樣迅速轉換組成結構。不論我們乘坐地鐵，摸了愛狗，或者和孩子一起在沙堆玩耍，從微生物的角度，都會產生可測量得出的差異，並且在顯微鏡下呈現出不同的圖像。

更令人驚奇的是，左手與右手的微生物群相似度只有百分之十七。左手不知道右手在做什麼——這句話果然沒錯！我們顯然用左手和右手做很不一樣的事，因此接觸到的東西也完全不同。

女人皮膚稍高的酸鹼值，可能是微生物種類更豐富的原因。還有其他原因導致女人和男人手部的微生物群不同，例如化妝品的使用和定期洗手。

尤其值得注意的還有：在女人手上，排泄物細菌的含量比男人高。我太太對這個現象有一針見血的解釋：「因為女人比男人更常刷洗馬桶。」

# 洗衣機拉警報：為什麼剛洗好的衣服上有細菌

我在漢高公司的同事曾說過一句話，那句話像一記警鐘，至今仍在我耳邊噹噹作響：「洗衣服時最大的危險，就是用手去摸髒衣服。」他說得太對了。

在一般家裡，不太會有透過洗衣機傳播疾病的問題。畢竟，現代的工作愈來愈少有身體上的勞動，很多人做的都是客服的工作，工作場所經常是辦公室。因此衣服髒污的程度，已經不比從前，如今，很少需要用到烹煮洗程（攝氏九十度）。

不過，理論上還是存在著風險，即使在家裡，也可能透過換洗衣物彼此傳染惱人的細菌，例如足癬或諾羅病毒這類頑強的病菌。只不過，更多時候，麻煩其實是人與人之間直接接觸所造成的，尤其是經由手部的接觸，或者在做家務時碰觸到有問題的物品表面。

我們要時時提醒自己，一般家庭清洗衣服的首要目的是去除髒污、斑點和臭味，

不是為了消毒。在住著許多重症患者或免疫力差的人的醫院或照護機構，消毒很重要，在這些地方，人們會使用特別的化學劑與高溫來清洗、消毒換洗衣物。手術室專用的紡織品有非常費工的處理程序，也就是攝氏一百二十度的蒸氣，和以兩巴（bar）的高壓來殺菌。在家裡根本不必這麼費事，現代洗衣機和全效洗衣劑絕對足以將衣物洗得夠乾淨了。但是，洗衣劑公司的研發部門卻仍然為了推陳出新想破頭，原因是什麼？

## 魔幻成分：漂白劑

時下的洗衣趨勢和洗衣衛生可惜正好背道而馳，為了兼顧節省能源和延長衣物使用年限，洗衣服的溫度愈來愈低。除此之外，也是因為現在很多質料特別嬌貴，既承受不了化學劑洗滌，也耐不了高溫。

更麻煩的還有液態洗衣精的全面勝利，它比粉狀容易測量用量，洗完之後也不會殘留在衣服上。不過，它卻不含漂白劑，而漂白劑正是抗菌的主要成分。

在清洗過程中，漂白劑會產生過氧化物（Peroxide，一種活性氧），能透過氧化作用消除污漬和微生物。這種物質只有加在粉狀的全效洗衣劑裡才有意義，液態洗衣精中它無法保存，在彩色衣物洗衣精裡添加漂白劑會破壞衣服顏色。

液態洗衣精的含水量很高。水分含量一高，就容易受到微生物污染。於是，洗衣精裡主要的去污成分界面活性劑（一種碳氫化合物）剛好成了微生物的食物。

所以為了保存，液態洗衣精必須加入防腐劑，否則就會像其他容易腐爛的物品一樣迅速腐壞，那種噁心的氣味讓人很難不注意到。我不知道在哪個報導微生物的報章雜誌上，讀過一篇關於液態洗衣精的描述，十分具說服力，他說：洗衣精本身必須製成濃縮形式來防範微生物，光從這個事實，我們就可以認知到，它在洗衣機裡不可能是犀利的殺手。

在漢高公司工作時，我待的部門也負責檢查怒氣衝天的消費者寄回來的液態洗衣精。退貨理由可能是洗衣精發臭，或者組成成分分離了，這經常是防腐劑劑量不足所造成的，例如在製作過程中有某條管線阻塞了。內部知情人士都把存放壞掉或發臭樣品的櫥櫃稱為「恐怖小閣」，當然了，正式新聞稿裡沒有這個詞彙……

## 殺菌率百分之九九的意思是，還有幾百萬隻活下來

粉狀洗衣劑是乾的，所以沒有保存期限的問題。在攝氏六十度的洗衣機裡，它是家庭用來殺菌的強效武器。視菌種與衣料的情況而定，殺菌效果可以超過百分之九九．九。

業界目前嘗試利用添加所謂的漂白活化劑，來生產出在低溫也具有良好漂白功能的全效洗衣劑。兼顧衛生與耐久性，這條路是對的。液態洗衣精也能殺死差不多百分之九十九的細菌，不過別忘了：以絕對數目來看，洗衣機一次的洗衣量，估計包含了幾十億隻細菌，也就是說，就算清洗過程中消滅了百分之九十九的微生物，還是有幾百萬隻細菌存活了下來。對一個免疫力差的人來說，這還是有差別的。

一個洗程的殺菌效果優劣受很多因素影響。讓微生物學家和使用者都滿意的情況，對環境通常不會太友善。一般來說，殺菌效果愈好，所耗費的能源就愈多——例如透過高溫或較長的清洗時間來殺菌。

除此之外，這裡還有一些建議，能幫助我們防止細菌沾染上剛洗好的衣服。

## 微生物的洗衣衛生建議事項

- 對抗微生物的決定性因素是正確的洗衣精用量。除此之外，也要經常使用一般洗程（較高的溫度）。
- 衣物量太多會降低清洗效果，尤其是衣服很髒的時候。
- 沖愈多次，愈能消除細菌與洗衣劑殘留。
- 使用全效洗衣劑，以及用攝氏六十度至九十度的洗程空機運轉，可預防洗衣機產生異味。要清洗放洗衣精的匣子和門框橡皮墊，並且打開洗衣機確實風乾。
- 脫水行程愈有力愈好。日曬以及接續的熨燙，都能再額外殺菌。
- 高溫洗衣服能避免洗衣機產生臭味。合成衣料比棉質更容易附著細菌與產生臭味，但是卻不耐高溫洗滌。
- 嬌貴的功能性衣物與一般衣物分開清洗，穿過後要馬上用高級衣物洗衣劑清洗。

- 從微生物學的角度，衣物柔軟精，尤其是殺菌劑或洗衣機清潔劑，是不必要的。

真正嚇人的是德國商品檢驗基金會檢測出來的事實：很多洗衣機都無法達到所選洗程的溫度，有些機型甚至溫度差很多。

很多國家一向使用冷水洗衣服，或至少水溫不比水龍頭流出的自來水高。最主要的兩個代表是美國和日本。在這些國家中，清洗過程欠缺的高溫會用高效的漂白劑來彌補。雖然這麼做的確能夠節省能源，卻會對環境造成很大的負擔。

## 來自實驗室的髒污殺手：酵素

列在現代洗衣劑成分表的名稱，應該只有化學專家讀了不會覺得莫名其妙：界面活性劑、水質軟化劑、消泡劑、香精、漂白劑以及增白劑、漂白活化劑和漂白穩定

劑、防染劑和防腐劑……

但是有一個成分絕對值得我們花點功夫去了解：酵素（又稱酶）。在洗衣精裡添加酵素，目的是為了「吃掉」衣物上的污漬。

大多數的酵素是研發人員設計出來的，人們靠這樣訂製出想要的清潔功能。洗衣劑中含有愈多酵素，就愈昂貴。

酵素要研發成功，通常需要幾年的時間，研發中的酵素還沒有專利保護，也還不能在各種洗衣劑配方裡保持穩定與活性。這些過程都代表研發成本很高，當然最終這些花費都會轉嫁到產品定價上。

十至十五年前的主流，還是期望找到特別耐熱的酵素，或者透過基因工程，去設計出能在攝氏六十度的環境裡發揮效果的酵素。不過考慮到新的洗衣習慣，如今實驗室必須找到完全不同的解決方法。目前研究人員在找尋的是，在攝氏十五至二十度低溫也能發揮功能的酵素。

令人訝異的是，相較於所謂的「綠色」（植物）以及「紅色」（人類細胞、動物）基因工程，「白色」和「灰色」基因工程，例如致力於透過基因工程將微生物改

造成洗衣酵素的生物技術，普遍受到社會大眾接受。

有很長一段時間，漢高公司勉強支撐著一個很大的酵素科技部門，而且對其寄予厚望，如今此部門已明顯縮編了。因為即便是杜塞道夫大財團也得考量成本，將酵素的研發工作外包給專業的公司。而漢高公司內部實驗室做的，只不過將外包公司研發出來的酵素分子成分加入最適合的產品中。

## 細菌與洗衣機：一支愛的協奏曲

研究指出，洗衣機對微生物而言是理想的生活環境。洗衣機裡溫暖、潮溼，而且營養豐富。細菌會將特別強韌的生物膜，建造在洗衣機裡不容易被人觸摸到、清潔到的地方，例如放置洗衣劑的匣子、洗衣滾筒，以及門框橡皮墊。

現代洗衣機與舊式洗衣機相比，有一個缺點：新型洗衣機的金屬零件經常由便宜的塑膠零件取代，而生物膜正好比較容易附著在塑膠上。我們富特旺根大學的研究能

夠證明，有數百種細菌與真菌生存在洗衣機裡。而我們對這些病毒或原生生物的自然棲息地幾乎一無所知。

不難想像，衣物在清洗過程中，會因為洗衣機裡存在著五花八門的微生物群，而重新沾染細菌。另外大家都知道，如果生物膜變成厭氧性，便會產生難聞的氣味。如果剛洗好的衣物立刻有酸腐的味道，可能就表示洗衣機已經培養起微生物群了。

比利時學者在某研究中提出一種可能性：殘留在衣物纖維上的皮膚細菌可能也是造成可怕氣味的原因。

其實大家一直還沒真正了解衣服為什麼會有異味。日本學者將奧斯陸莫拉氏菌視為衣物氣味的來源。這種細菌在人體是典型的皮膚、黏膜居民，在自然界也找得到。大家熟悉的各種酸腐味，可能都是它造成的，例如下雨時的味道、掛在溫暖室內的羊毛大衣散發出的味道等等。

在洗衣機裡和衣物上，的確也很常發現奧斯陸莫拉氏菌的蹤跡。它也是廚房菜瓜布最常見的居民。雖然如此，我還是很難相信，像氣味這種完整的嗅覺感官知覺是由單一種細菌造成的，一定還有其他共犯聚在一起鬧事。

即使條件具足，一般的洗衣機也不可能將衣服洗成無菌，多少仍會有許多細菌殘留。如果給予適合的生長條件，存留下來的菌群就會迅速增長。洗完的衣服如果留在洗衣機裡太久，幾乎保證會沾染臭味。潮溼的地下室也不是晾衣服的好地方。長期放在衣櫃裡的衣服，一旦穿上身，氣味也可能被體溫激發。

照我看來，衣物衛生專家把太多心力放在殺菌上了。感覺上，很多微生物學家好像一直在等待什麼重大事件發生，來證明：是啊，我不是說過，即使在家裡，具傳染力的病原體也是會透過換洗衣物傳播的，人真的會因為這樣生病。

可惜到目前為止沒有人想到要問：細菌留存在衣服上有沒有可能是一件好事？例如對我們的皮膚健康有益。

或許有一天，我們會將洗衣機裡的衣服浸在好菌中，就像在清洗戶外夾克時，同時做防雨處理。我不覺得這想法是無稽之談。

現在我們已經知道，來自手洗餐具家庭的小孩，明顯比較少有過敏疾病。讓益生菌附著於餐具上的處理，是否能夠達到類似的功效？

如今大家都知道，洗衣機是細菌大熔爐，而且透過洗衣服，家庭成員的皮膚微生

物種類也愈來愈相近。我們甚至和家人分享自己身體上的所有微生物，這難道不是對自己家庭最好的愛的告白嗎？

# 天堂裡的細菌：談談遠方的危險

如果我們去旅行，一定有很多故事可講。根據我個人的經驗，特別受歡迎的題目是講拉肚子的事，而常見的原因是染上異國寄生蟲。與大荒野居民不期而遇，當然也排在前幾名。

還沒成為微生物學家之前，跑去肯亞的自然保護區馬賽馬拉（Masai Mara）叢林大冒險的我，有幸兩件事同時遇到了。我意外加入了一場叢林烤肉宴，吃完不久，身上所有的洞都拚命噴湧出東西來。我們的導遊朋友，從隔壁帳篷取了胃腸藥趕來救援，但是他無法靠近，因為在我們的帳篷入口處堵著一隻大河馬。

河馬算是非洲最危險的動物之一，每年遭河馬殺死的人比獅子殺死的還多。雖然我已經在垂死邊緣掙扎，但還是不禁被這個荒謬的情境逗笑了。那時我就下定決心，要以微生物學家的視角寫一本旅遊指南。

本書接下來的部分，某種程度可以算是那本指南的精簡版，目的不是要勸阻大家去旅行。當然每次旅行都存在風險，但待在家裡不出門就更糟了。如今，我們有機會徹底玩遍這個星球，無疑是非常美好的事，但是必須知道，許多微生物和寄生蟲早就已經生活在我們的旅遊目的地了，而聽一聽我們會有哪些奇遇，也沒什麼壞處。

無論如何，追尋這些壞東西的蹤跡，就是一次探索全球美麗景點的旅行。

## 美洲黑死病

在美國，人們對於感染黑死病的不確定感愈來愈強烈了。所謂的黑死病是另一個時代的瘟疫，十四世紀時，鼠疫桿菌這種病原體在歐洲估計殺死了將近五千萬人，等於剷除了歐洲大陸一半的人口。如今很多人以為，我們已經完全戰勝黑死病了，但這想法是錯的。

在許多國家，這個可惡的病原體都被發現有捲土重來的趨勢。其中偏偏包含了美國最美的地方：新墨西哥、亞利桑那、科羅拉多、加利福尼亞、南奧勒岡或者內華達

的國家公園和自然生態保護區，這些地方都因為令人屏息的美景而吸引非常多遊客前往。

散播這個傳染病的是帶菌跳蚤，這種寄生蟲吸了染病囓齒動物的血，然後再將細菌傳給下一個宿主（應該也是囓齒動物，但是對跳蚤來說，同樣可以是人類）。跳蚤會在咬新宿主的地方吐出一團血塊，裡頭有數千隻活蹦亂跳的病原菌。

如今投以抗生素，該病的治癒機會很高，因此人們沒那麼害怕黑死病會再度肆虐全球。不過，由於它的症狀和流感的病程類似，都會發燒、打冷顫、四肢痠痛，所以罹患此病的危險之處在於沒有被認出是黑死病。如果沒接受治療，大部分的黑死病患者最終都會步向死亡。

在本世紀的第一個十年裡，世界衛生組織統計有將近兩萬兩千起新病例，其中一千六百多例死亡。與中世紀曾出現過的情況類似，在今日傳播最廣的鼠疫種類也是所謂的腺鼠疫。

## 天堂裡的恐怖事件

二〇〇九年時，一位來自德列斯登（Dresden）女子的遭遇，登上了各大媒體，這起可怕事件發生在天堂般的夏威夷，一隻小到必須透過顯微鏡才看得見的熱帶蟲子，爬進她的中樞神經系統，摧毀了大腦。

這隻恐怖寄生蟲的大名是廣東住血線蟲（*Angiostrongylus cantonensis*），一開始它只居住在夏威夷島群中的茂宜島（Maui），但是現在，衛生單位在距離茂宜島十分遙遠的地方，諸如馬達加斯加、埃及或美國紐奧良，都能發現它的存在

被廣東住血線蟲找上的宿主，都說自己遭受地獄般的折磨，感覺像是有一根很長的針往腦袋裡刺。

宿主通常是因為吃了沒有清洗過的水果或蔬菜而遭到寄生。德列斯登那位女士也是如此，她吃了不乾淨的甜椒。這種寄生蟲在進入人體器官之前，走的是一段錯綜複雜的途徑：老鼠把寄生蟲排泄出來，然後蝸牛再把老鼠糞便連同寄生蟲一起吃下肚。蝸牛爬啊爬，將自己的黏液和黏液裡的寄生蟲留在蔬菜水果上。

好消息是，我們如果身體健康，免疫力系統強壯，就沒什麼好擔心的。壞消息是，一旦這隻寄生蟲開始在大腦裡大鬧天宮，那就無力回天了。

## 水中的定時炸彈

梨形鞭毛蟲（*giardia intestinalis*）這個小禍害，每年都用嚴重腹瀉折磨十萬名新受害者，尤其是去熱帶地區旅行的人。這種腸道寄生蟲，通常是經由遭糞便污染的飲水進入我們體內。它會附著在冰塊上，或者透過洗滌水果或沙拉葉的水，跑到蔬果上。

不過，在好些度假勝地，跳進清涼暢快的水域同樣會接觸到這隻害蟲。我們懷疑在紐西蘭國家公園裡，一半以上的湖泊和河流都已經受到這種單細胞生物的污染。在水中，有些特定種類甚至能夠存活四個月之久。

據推測，大約有十分之一的人身上有這種單細胞生物。梨形鞭毛蟲經由嘴巴侵入消化道，然後像顆定時炸彈蟄伏其中。它會先潛伏幾個禮拜，然後引發腹瀉、嚴重脹氣和胃痙攣。不過，一旦對症下藥，症狀很快便能夠成功消除。

從科學的角度看來，梨形鞭毛蟲是獨一無二的。因為這個單細胞只有細胞核，沒有粒線體，所以幾年前，這隻寄生蟲還在學界引起了激烈討論，最終結論是：這隻讓人腹瀉的蟲蟲不屬於相對簡單的原核生物（沒有細胞核的單細胞生物），而是屬於較高度發展的真核生物（具備細胞核的單或多細胞生物）。

## 食腦蟲入侵

大白鯊和類似阿米巴原蟲的恐怖小蟲福氏內格里蟲（*Naegleria fowleri*），兩者有什麼差別？答案是：遇到大白鯊還有活命的機會，但若是這隻殺手蟲蟲進入我們體內，那就嗚呼哀哉了！

二〇〇五至二〇一四年間，美國境內總共有三十五起福氏內格里蟲感染案例，其中只有兩人存活。這種寄生蟲居住在溫泉、河流、湖泊裡，還有氯消毒不夠徹底的游泳池裡。它只能活在淡水之中。

感染發生在水中，這隻單細胞生物會從鼻子進入，隨即毫不遲疑地往大腦鑽。它

會迅速導致腦部膿腫發炎，宿主通常五天之內死亡。

福氏內格里蟲雖然遍及全世界，但已知感染案例卻主要分布在美國和澳洲。專家們擔心，在全球暖化的影響下，這種食腦蟲有可能會演變成更大的問題。

研究學者推測，是大腦裡一種叫做乙醯膽鹼（Acetylcholine）的傳導物質在吸引這隻阿米巴蟲。醫師將希望寄託在這個仍然相當初步的發現，期待在不久的將來研發出對抗這隻單細胞生物的特效藥。

然而，就算有藥物可用，根本的問題還是沒有解決。人在感染幾天後，會出現可能歸咎於許多其他疾病的症狀，例如頭痛、發燒和嘔吐。意識混亂與幻覺也會出現。失去平衡感到什麼地步，攸關福氏內格里蟲毀壞大腦的程度。

因此，正確診斷是非常困難的，而以這隻蟲的致死速度，診斷一旦出錯就沒有商量的空間了。

## 漿果的危險

查加斯氏症（Chagas-Krankheit）是一種主要流行於南美洲的疾病，它的特色之一是很難被診斷出來。引發此病的是一種寄生於心肌和神經系統的病原體，名叫克氏錐蟲（*Trypanosoma cruzi*）。

感染初期的症狀沒什麼特別之處，諸如發燒、肚子痛和淋巴結腫大等症狀，看起來像流感，因此人們經常沒有發現那是查加斯氏症，但治療卻只有在初期才有效。散播疾病的經常是錐鼻蟲（Raubwanzen），它尤其喜歡叮咬臉部柔軟的肌膚，然後排泄在叮咬處。

病原體就這樣進入人類體內，並且導致長期疼痛，例如：心肌腫大和腸道水腫，而人們經常到晚期才發現真正的病因。還有，廣受喜愛的南美洲巴西莓果（Açaí-Beere），在美國和歐洲被稱為超級水果，也具有傳播這危險病原體的潛在危險。

估計大約有兩千萬名南美洲人遭感染，每十人有一人死亡，而且死得很痛苦。目前沒有疫苗能預防感染查加斯氏症。專家猜測，這病原體應該已經被帶進歐洲了，而

光是在西班牙，就有五萬人感染查加斯氏症。我們甚至可以假設，可能有數以千計的感染者還未被診斷出來。因此，這些未被確診的人可能會透過輸血或器官捐贈，將病原體散播出去。

## 血吸蟲攻擊

血吸蟲病是一種熱帶傳染病，罪魁禍首是吸蟲（Saugwürmer），也就是所謂的血吸蟲（曼森血吸蟲〔*Schistosoma mansoni*〕）。據保守估計，全球至少有兩億三千萬人遭曼森血吸蟲感染。

這種寄生蟲散布在非洲、南美洲以及亞洲，溫度長期維持在二十度以上的死水或流動緩慢的水特別可能是污染源。

生活在雜草蔓生水岸邊的蝸牛類，被血吸蟲當成中間宿主，是最常見的傳染途徑。人在泡水、踩水或洗浴時，尾蚴（也就是吸血蟲的幼蟲）會咬破皮膚，入侵體內，噴濺到區區幾滴水就足以感染血吸蟲。不過倒是不可能人傳人。

若是遭到感染，幾天內我們便會注意到皮膚發癢或紅腫。這些症狀是在告訴我們，身體發現病菌入侵，正在對其發動攻擊。可惜光靠自己的免疫系統，無法將入侵者趕走。

若沒有診斷出來，並且針對這個感染病症展開治療，幼蟲便會長成成蟲，長期進駐血管，最終發展成慢性血吸蟲病。

血吸蟲繁殖迅速，每天可以產下幾百至幾千個蟲卵，時間一久會對人體造成很大的傷害，尤其當它們在肝臟、腸道或膀胱裡定居下來之後。

即使是在德國，也可能感染到血吸蟲病：在遭鵝或鴨子糞便污染的湖裡游泳，就可能感染尾動幼蟲性真皮炎（Zerkarien-Dermatitis），這是一種會發癢的皮膚炎，很麻煩又討厭，但是比起那種熱帶版本，並不危險。

## 讓人駝背的傳染病

度假天堂裡傳播著一種很奇怪的傳染病：得病的人會因為高燒痙攣，而且關節會

痛到幾乎挺不直腰。二〇〇六年，留尼旺島（Insel Réunion）有超過十六萬人染上屈公病（Chikungunya）這種熱帶地區的熱病；加勒比海地區二〇一四年的染病人數高得令人警戒：超過三十五萬人。

除此之外，這個熱帶疾病也曾在模里西斯共和國（Mauritius），甚至在羅馬爆發過。屈公病最早是在非洲坦尚尼亞（Tansania）被發現，那時是一九五二年，因為此病會引發背和關節疼痛而扭曲身體，於是這個痛苦的疾病得到了一個名實相符的名字——「扭曲的人」。

有很長時間，這個疾病傳播的地區只限於非洲東部和南部、印度次大陸、東南亞和印度洋群島。但它現在也進入了南歐，原因是亞洲虎蚊（Asiatische Tigermücke，也稱做白線斑蚊），這種病媒蚊如今遍及義大利各地，還有法國南部，以及其他南歐國家。

即使在德國，專家也認為這種熱帶疾病遲早有可能爆發。人們在海德堡和弗萊堡（Freiburg）等南部城市，早已發現白線斑蚊的蹤跡。

屈公病會襲擊受感染者的臂叢神經，除了高燒之外，還會引發關節疼痛長達數個

月之久。

和所有的病毒性感染一樣，抗生素沒有療效。目前也不可能施打疫苗預防屈公病。穿著長袖、長褲，以及使用蚊帳來避免遭到白線斑蚊叮咬，是目前防止熱病爆發唯一有效的方法。

如果感染屈公病，除非同時也罹患肝炎或糖尿病等其他疾病，才需要擔心感染併發症而死亡的問題。痊癒之後不會留下後遺症，得過病的人以後對這隻病毒就免疫了。

## 流浪狗的詛咒

狂犬病是一種急性傳染病。因為是中樞神經系統遭到攻擊，所以會顯現出意識障礙、性格大變和癱瘓等病徵，如果沒接受治療，通常下場是死亡。

德國被視為零狂犬病的國家。根據羅伯特科赫研究所的資訊，德國已知最後一起遭野生動物感染狂犬病的案例發生在二〇〇六年，感染源是狐狸。對德國人來說，感染風險大多發生在旅行的時候，有這方面問題的旅行目的地，其中之一是印度。

據世界衛生組織估計，印度每年約有兩萬人死於狂犬病，佔全世界狂犬病死亡案例的三分之一。在印度，狂犬病病毒（Rabiesviren）可由帶原的猴子、貓和豺狼傳播，但最主要的感染源頭還是狗。印度約有兩千五百萬隻流浪犬，光在首都新德里應該就有超過二十五萬隻。

另一個問題是，許多印度人顯然不明白狂犬病和其他傳染病一樣會死，所以沒有認真看待感染這種病毒的危險性。計畫去印度旅行的人，出發前一定要記得接種狂犬病疫苗。

以上這些罪名還不足以構成全貌。從微生物學家的角度，還有更多例子可告訴我們，寄生蟲和微生物如何侵襲強佔人類的身體。

值得一提的當然還有瘧疾，特別是在非洲和亞洲，這種疾病造成了很大的問題。目前，前往非洲旅行也有染上黃熱病和登革熱的危險。同樣還有典型的水土不服，原因是感染毒素型大腸桿菌，它是腸道出血性大腸桿菌這個惡棍的親戚。

潛在的威脅可不只是來自遠方。即使我們在自家花圃栽種植物，在微生物學家

眼中就已經構成風險。每公克的土壤裡，存在著數百億隻微生物，而且種類多達五萬種。雖然絕大多數並不危險，但如果遇上會導致破傷風的破傷風桿菌（*Clostridium tetani*）可就糟糕了。這隻細菌同樣生活在土裡，它的孢子會經由傷口進入人體內，引發有生命危險的創傷性破傷風。

還要注意的還有透過老鼠尿液傳染的鉤端螺旋體病（*Leptospirosis*）、透過老鼠糞便傳染的漢他病毒（Hantavirus）、透過堆肥感染的退伍軍人病（Legionellose）、透過扁虱傳染的萊姆症（Borreliose）和蜱媒腦炎……

如果你相信再三出現在媒體上的新聞，跳進本地湖泊裡清涼一下，也可能會害慘你。的確，很多水域檢驗出有多重抗藥性細菌的存在。

照我看來，畏懼水中有院內病菌，和擔心在湖裡可能迎面游來鱷魚或擬鱷龜一樣有道理。

## 遠遊預防傳染病的注意事項

- 為了增強免疫系統的抵抗力，度假前就要休息放鬆。
- 聽取醫師或衛生保健機構的旅行預防建議，尤其是自由行或前往相關疾病問題的國家。
- 及時預防接種，以便適應目的地國家的環境條件。
- 預防腸胃感染的第一條規則：「吃煮過或剝了皮的，不然就別吃！」就連吃飲料裡的冰塊或用自來水刷牙，都有得傳染病的危險。
- 旅行前可以服用益生菌預防腹瀉，但吃益生菌不會產生奇蹟，也不能代替預防措施。
- 當然還有：手部清潔衛生！
- 明智地準備旅行用藥（諮詢藥師）：抗生素、創傷護理用品、淨水劑等等。

- 禁止游泳的地方不要下水。
- 穿鞋（預防蟲子感染）。
- 防蚊蟲叮咬：長袖衣物、驅蟲劑、蚊帳等等。
- 若病況嚴重，歸國之後要馬上告知醫師度假地點。

# 星際蟲：和我們一起離開地球的微生物

終點會有到來的一天，這點毋庸置疑。核子大戰、隕石撞擊地球、氣候變遷，這些都可能是我們文明世界的末日場景。但是，沒有哪件事是必然發生的。

但可以肯定的是，地球總有一天會不再適合人類居住。如果太陽開始中心收縮、外圍劇烈擴大，變成一顆超級大火球，地球甚至會逐漸被燒毀，地球上的水還有其他基本維生物質都會蒸發，甚至連整個星球都蒸發殆盡。

這個場景距離現在還太遙遠，大概二、三十億年後才會發生，所以目前大家對此無動於衷。不過，人們應該會及早察覺這個星際巨變帶來的種種衝擊，如果那時候還有人類，我們一定早一步躲到安全的地方去了。

二〇一八年三月過世的天文物理學家史蒂芬・霍金（Stephen Hawking）甚至建議，趕快給人類找一個新的棲身之處。他的理論是：人類必須在兩百至五百年內離開

地球，才不會來不及移民外太空。

這位天才物理學家極力要求，遲至二〇二五年，先進國家就應該已經有人登陸火星，而且應該在二〇四七年完成月球上的基礎建設。

## 微生物的頑強韌性

人類能存在於地球上，和這些小小生物密不可分，因此我們不得不問：在這個藍色星球毀滅之際，微生物會怎麼樣呢？所有證據都顯示，這些單細胞生物顯然比人類更能承受即將到來的災難，而且面對外太空的艱難環境，它們的構造很可能具有更良好的適應力。

微生物是我們這個星球的第一批住民，它們在地球還像沸騰冒泡的地獄時，就開始定居繁殖了。從最新的發現中我們知道，細菌即使在極端惡劣的環境下也能存活：地底下幾公里、滾燙的間歇泉，或南極堅硬的冰層裡，都有這些極端微生物的存在。

- 坎德勒氏甲烷嗜高熱菌（*Methanopyrus kandleri*）：在超過攝氏一二〇度的深海

裡，它們不只活下來，而且欣欣向榮。對我們來說，發燒四十一度就足以致死。

- 抗輻射奇異球菌（*Deinococcus radiodurans*）可忍受急性輻射劑量達到一萬七千五百格雷（Gray），人類若承受六到十格雷的輻射，幾天內便會死亡。
- 嚴格嗜壓菌（*Shewanella benthica*）生活在一萬一千公尺深的水底，需要八百巴的壓力才能生長。在一個潛水模擬實驗中，人類最多可潛至七百公尺深、承受七十巴的壓力。

就連外太空的極度寒冷或完全真空，對某些微生物來說也是不痛不癢。多細胞生物中，最耐操的要屬緩步類動物（Bärtierchen）了，它們像細菌一樣擁有休眠期（Überdauerungsstadien，被稱為隱生狀態〔Kryptobiose〕）。就這樣，緩步類動物能在睡眠狀態中熬過接近攝氏零下二七三度的絕對零度，而且在太空環境裡存活好幾天。這些都是經由實驗發現的。在該實驗中，研究人員將兩種緩步動物置放在開放的容器裡，然後送到二百七十公里的高空繞行地球十天。

普朗克研究所（Max-Planck-Institute）的科學家在實驗室裡模擬彗星的貧瘠條件，

得到驚人的發現：即使在外太空的冰冷環境中，胺基酸這種構成所有生命體的基礎物質也會形成，而且幾乎是自發的。這證明了生命與其基本組成比我們想像中更具適應力。

微生物有多頑強，這裡提供一個例子：單細胞對太陽的紫外線毫無招架之力，但光靠薄薄一層由灰塵和沙子形成的保護膜，就足以顯著提高細菌的存活率。一顆直徑大約兩公尺的隕石內部，可以保護細菌孢子免受宇宙射線的危害長達一百萬年。這類石塊內部的生存條件當然糟得不能再糟，營養來源：沒有。微生物能在沒有水、沒有食物的情況下，撐過一百萬年嗎？

## 沉睡一百萬年

細菌靠一點點營養就能夠存活很長一段時間，這能力確實非比尋常。它們會變身成孢子，陷入沉睡。孢子內部只剩下一個細胞，裡頭保存著該細菌的遺傳物質，而新陳代謝則完全停頓。

不過，若給予適合的營養，微生物就可以重新被喚醒。本書第一章已經提過，兩億五千萬年鹽結晶裡的古老孢子成功復活。但更驚人的還在後面。幾年前，琥珀結晶裡發現的那隻蜜蜂，為我們展示了這是如何辦到的。在蜜蜂的腸道裡，研究學者發現了非常古老的細菌孢子，而這些孢子也都完美地復活了。泡在營養液裡的這些微生物，出人意表地從睡美人般的沉睡中甦醒過來（畢竟，這蜜蜂死在樹脂裡，也已經兩千五百萬年了）。

由於微生物顯然也具備在有毒環境裡生存的能力：有沒有可能，它們是在很久以前從某個陌生星系來到我們地球上的呢？

當混沌初開，當我們的行星還像煉獄一般時，不難想像會有來自火星的隕石落到地球上。沒有生命體能夠在這種撞擊下存活，對吧？還是有呢？

德國航空太空中心（Deutsches Zentrum für Luft- und Raumfahrt，縮寫ＤＬＲ）曾在實驗室裡測試過，如果我們從某個高度將一個沉重的金屬盤子砸到微生物孢子上，它們會如何反應。這個撞擊會產生震波，而且該實驗還將溫度加熱到五百度。得到的檢測結果是，什麼都燒成焦碳，孢子也變成了黑色，可是卻有幾千隻微生物存活了下

來。

是墜落的彗星和小行星將現成的有機生物分子帶到初始的地球嗎？浩瀚宇宙中，還有微生物細胞的生命體存在嗎？至少，重要的有機分子顯然能夠在淒寒一片的外太空自己生成。

研究學者已經發現，所有地球生命體的關鍵分子幾乎在宇宙各個地方都能形成，顯然非得是有水的行星。

## 對外星微生物的恐懼

阿波羅號的組員尼爾・阿姆斯壯（Neil Armstrong）、麥可・柯林斯（Michael Collins）和巴茲・艾德林（Buzz Aldrin）完成登陸月球的使命後，在一九六九年七月二十四日回到地球，他們必須先在機動檢疫站停留十七天，因為大家非常恐懼這三位太空人可能從月球帶回危險的細菌。

尤其令人害怕的是，帶回我們人類還沒有抗體的疾病。

大家難免會拿這件事和十五世紀西班牙遠征軍發現新大陸做比較，當時他們帶進中南美洲的傳染病，幾乎害死了所有的當地原住民。

後來證實，實情剛好相反，太空人像西班牙「征服者」一樣，將地球的細菌帶上了太空。一九六九年十一月人類第二次月球登陸時，阿波羅十二號的組員發現一個幾年前掉落月球的美國探測器「測量員三號」（Surveyor 3）。

太空人將此探測器的一些零件帶回地球，美國太空總署的專家在上面發現了細菌，顯然它們在外太空這麼多年仍然存活了下來。據猜想，細菌的來源應該是，探測器正在準備發射時，有個感冒的技術人員對它打了個噴嚏。當然也有可能是，探測器回到地球後才沾染上這些細菌的。

由於不確定是何者，美國太空總署有了一個新領悟，自此之後的太空任務都格外小心謹慎，絕對不能意外將地球上的微生物帶到陌生的星球。原因很簡單：如果有朝一日真的發現簡單的外星生命體（例如在火星），那我們必須百分之百確定，它不是另一個從地球搭黑車上火星的微生物。

避免太空任務將地球上的生命體帶去污染行星、衛星、小行星或彗星的防護措

施，一律稱做是「行星保護」措施（Planetary Protection）。

## 太空船內的微生物群

在我們地球以外的地方是否有發展出其他生命體？又是哪些地方？這些問題是我們探訪鄰近星球的動機。可能的選項除了火星，倍受關注的還有木星的衛星歐羅芭（Europa）。事實證明，在回答這些問題時，特別需要用到微生物學家，因為他們必須找出，微生物在極端環境和地球以外的條件下會如何表現。

人類長期停留在太空站或太空艙時，本身攜帶的微生物會發展出獨特的微生物相，這會直接影響太空人的身體健康。因此，制定太空艙衛生和去除污染的措施是勢在必行的。

很有趣的是，在無重力的狀態下，不只人類的新陳代謝會改變，細菌的新陳代謝也會改變。在太空環境裡，腸道的沙門氏菌會顯現出變化，並且對老鼠的侵略性提高。一方面，微生物的致病能力改變了，另一方面，人類的免疫力卻因為處於無重力

狀態而減弱，綜合起來可不妙。在地球上不具殺傷力的微生物會不會在外太空變身成為殺手，對太空人構成威脅呢？

在外太空，太空人和數量可觀的微生物被關在同一個小空間裡，而且這樣的狀態會維持一段很長的時間。一個有駕駛人的火星任務旅行時間大約需要兩年以上：去程兩百五十天，到達後在這紅色星球上停留一年，回程再兩百五十天。

因此有眾多研究顯示，在有人駕駛的俄羅斯和平號太空站（Raumstation Mir）裡，細菌和黴菌等微生物群大量生長。和平號太空站在一九八六年至二〇〇一年間繞行地球，最後在有控制的狀況下墜毀。

人們研究以太空站為家的菌群，隔離出一百多種不同的微生物，其中包含可能致病的病原體，以及那些會形成生物膜、透過腐蝕作用毀壞物質的微生物，例如黴菌。

對維持衛生而言，太空站的生活或太空飛行都是極端的挑戰：

- 空氣和水透過維生系統一再循環。
- 無重力狀態和太空輻射會大幅改變身體狀況，例如肌肉萎縮，當然也會讓免疫系統的抵抗力下降。

- 身體衛生措施（如清洗、沖澡）只能有限制地進行。
- 攝取的營養改變，會影響太空人身上的微生物組。
- 心理壓力（空間小、無聊）又給免疫系統帶來額外的挑戰。
- 在無重力狀態下，微生物和髒污分布的情形與地球上不同。

一項針對國際太空站（Raumstation ISS）進行的微生物組研究顯示，那裡的微生物棲息狀態，非常類似地球上一般住家裡的微生物棲息狀態。微生物種類若多達數千種，研究人員就視之為「自然的」在地環境微生物組，一個多樣性較低的微生物組，可能甚至代表會讓人生病的環境條件。

因為國際太空站必須是完全密閉的，所以艙裡的微生物必定都來自太空人，以及被帶上太空站的物品。根據「行星保護」措施，所有被發射到外太空的物品當然都必須是無菌的，人們會在無菌室裡小心地進行物品的組裝與無菌處理。

人們會定期檢查無菌室是否遭微生物污染，總是會找到幾隻細菌，或者它們以DNA或RNA分子形式存在的痕跡。

雷根斯堡（Regensburg）的研究人員在二〇〇八年檢驗無菌室時，遇到一群很特

別的古生菌，所謂的奇古菌（*Thaumarchaeota*）。它們的唯一來源是人類，尤其是人類的皮膚。

不過，在此之前大家並不知道人類皮膚住著古生菌。該團隊更進一步的研究顯示，人類身上原核生物的皮膚菌群高達百分之十是由這類古生菌所組成的。目前還不清楚它們對健康有何影響，或代表什麼意義。如果沒有太空研究，這群皮膚古生菌恐怕還要很久才會被發現。

未來，太空研究將為地球上的居家衛生提供有趣且實用的知識。在外太空中，人類獨自和其微生物旅伴共處在狹窄的小空間，而且無處可逃。在這裡最能顯現出，實施哪些措施能夠讓人類和微生物的關係成為星際間的成功故事。

# 後記

二〇一七的夏天，我逐漸對自己的工作感到害怕。我們想都沒想到，廚房菜瓜布的研究竟然成了眾所矚目的焦點，獲得德國媒體、甚至國際媒體的競相報導，我不必接受採訪的日子反倒成為罕見的事。對一個希望自己的研究受到認真對待的學者來說，這其實是美夢成真。

但這些報導卻荒謬地走偏了，讓讀者誤以為這些塑膠做的廚房小幫手跟遭輻射污染的物質一樣危險。所以，從某個時間點開始，我在受訪時都特別小心，用一個非常簡單的建議來對抗日漸升溫的歇斯底里：經常替換菜瓜布不就好了？

但是我又錯了，我完全沒想到，菜瓜布持有人不喜歡被規定什麼時候該讓他的菜瓜布退休……

用這個研究結果來引起恐慌，絕對不是我的初衷。菜瓜布裡的微生物小宇宙，不

過是一個讓人們更了解微生物世界的絕佳點子。最重要的是，微生物屬於我們的世界，它們甚至是我們最親密的同居人，這是我們必須接受且泰然處之的基本生存條件。除了有些微生物是例外、值得我們密切注意，其他根本並沒有什麼不好。

## 與居家細菌相處之道的新觀點

1. **微生物值得我們的尊敬與讚賞。**它們非常古老、極其微小、適應力超強且工作認真，所以是我們星球上的第一批住民，而且應該也會是最後一批。
2. **人類需要微生物才能存活，但微生物不需要人類。**缺少人體微生物組裡的十兆隻單細胞生物，人類無法健康過活。
3. **微生物不是我們的房客，而是我們住在它們之間。**透過微生物的活動，這個星球才成了適合人類居住的星球。
4. **完全無菌的居家空間是幻想，也不值得追求。**它們有數十億年在極度惡

劣環境裡生活的經驗，我們的住家也難不倒它們。這樣反而好，因為它們豐富了人體的微生物組。

5. **小孩尤其需要一個充滿各種微生物的環境來訓練免疫系統。**小孩的免疫系統在微生物的鍛鍊下，例如與寵物相處，能夠預防日後氣喘、過敏等疾病。
6. **我們要保護自己免於傳染病，但不是去避免接觸一般細菌。**感染傳染病可能會致命，但害人生病的是少數幾種微生物，而且有害種類正在減少當中。
7. **現有的家庭常備藥品和疫苗就足以在家防衛傳染病。**徹底清潔打掃、高溫、酸性清潔劑、肥皂或者保持乾燥，都是對抗居家微生物非常有效的措施。疫苗能對付嚴重的傳染病。
8. **抗菌、殺菌的特別措施只適用於急性或慢性病人。**正確使用抗生素和消毒劑對病人和照護者都有好處，但不適合健康的人。
9. **益生菌式的方法獲得愈來愈多關注。**「好菌」不只優酪乳裡有，希望不久之後也會出現在清潔劑裡。

身為微生物學家的我有一個夢：希望不久的將來，衛生觀念能夠徹底重新被定義，不再是殺死細菌與避免生病，而是主動管理微生物的科學與觀點。如果本書能對此有點貢獻，我會非常高興。

# 有參考價值的網站資源

- 羅伯特科赫研究所：https://www.rki.de
- 聯邦衛生資訊中心：https://www.bzga.de
- 食品和飼料警告：https://www.lebensmittelwarnung.de
- 微生物：https://www.microbe.net
- 不要害怕微生物：https://microbenzirkus.com
- 微生物學：https://invisiverse.wonderhowto.com
- 聯邦風險評估研究所：https://www.bfr.bund.de
- 國際家庭衛生科學論壇：https://www.ifh-homehunchy.org

# 參考書目

Angegeben sind ausgewählte Quellen (keine Standardlehrbücher), auf die in den jeweiligen Kapiteln Bezug genommen wird, sowie weiterführende Literatur.

## 第一章　有菌，無菌，哪個好？

Carabotti M, Scirocco A, Maselli MA & Severi C (2015) The gut-brain axis: interactions between enteric microbiota, central and enteric nervous systems. *Annals of Gastroenterology* **28**: 203–209.

Clemente JC, Pehrsson EC & Blaser MJ et al. (2015) The microbiome of uncontacted Amerindians. *Science Advances* **1**: e1500183.

Dodd MS, Papineau D, Grenne T, Slack JF, Rittner M, Pirajno F, O'Neil J & Little CTS (2017) Evidence for early life in Earth's oldest hydrothermal vent precipitates. *Nature* **543**: 60–64.

Dominguez-Bello MG, Jesus-Laboy KM de & Shen N et al. (2016) Partial restoration of the microbiota of cesarean-born infants via vaginal microbial transfer. *Nature Medicine* **22**: 250–253.

Fernández L, Langa S, Martín V, Maldonado A, Jiménez E, Mar-

tín R & Rodríguez JM (2013) The human milk microbiota: Origin and potential roles in health and disease. *Pharmacological Research* **69**: 1–10.

Flemming H-C, Wingender J, Szewzyk U, Steinberg P, Rice SA & Kjelleberg S (2016) Biofilms: an emergent form of bacterial life. *Nature Reviews Microbiology* **14**: 563–575.

Hennet T & Borsig L (2016) Breastfed at Tiffany's. *Trends in Biochemical Sciences* **41**: 508–518.

Kelly CR, Kahn S, Kashyap P, Laine L, Rubin D, Atreja A, Moore T & Wu G (2015) Update on fecal microbiota transplantation 2015: Indications, methodologies, mechanisms, and outlook. *Gastroenterology* **149**: 223–237.

Kinross JM, Darzi AW & Nicholson JK (2011) Gut microbiome-host interactions in health and disease. *Genome Medicine* **3**: 14.

Kort R, Caspers M, van de Graaf A, van Egmond W, Keijser B & Roeselers G (2014) Shaping the oral microbiota through intimate kissing. *Microbiome* **2**: 41.

Leclercq S, Mian FM, Stanisz AM, Bindels LB, Cambier E, Ben-Amram H, Koren O, Forsythe P & Bienenstock J (2017) Low-dose penicillin in early life induces long-term changes in murine gut microbiota, brain cytokines and behavior. *Nature Communications* **8**: 15062.

Liu CM, Hungate BA & Tobian AAR et al. (2013) Male circumcision significantly reduces prevalence and load of genital anaerobic bacteria. *mBio* **4**: e00076.

Liu CM, Prodger JL & Tobian AAR et al. (2017) Penile anaerobic dysbiosis as a risk factor for HIV infection. *mBio* **8**: e00996-17.

Lloyd-Price J, Abu-Ali G & Huttenhower C (2016) The healthy human microbiome. *Genome Medicine* **8**: 1024.

McFall-Ngai M (2008) Host-microbe symbiosis: The Squid-Vibrio association – A naturally occurring, experimental mo-

del of animal/bacterial partnerships. *Advances in Experimental Medicine and Biology* **635**: 102-12.

Prescott SL (2017) History of medicine: Origin of the term microbiome and why it matters. *Human Microbiome Journal* **4**: 24–25.

Ross AA, Doxey AC & Neufeld JD (2017) The skin microbiome of cohabiting couples. *mSystems* **2**: e00043-17.

Sender R, Fuchs S & Milo R (2016) Are we really vastly outnumbered? Revisiting the ratio of bacterial to host cells in humans. *Cell* 164: 337–340.

Sevelsted A, Stokholm J, Bønnelykke K & Bisgaard H (2015) Cesarean section and chronic immune disorders. *Pediatrics* **135**: e92-e98.

Thomas CM & Nielsen KM (2005) Mechanisms of, and barriers to, horizontal gene transfer between bacteria. *Nature Reviews Microbiology* 3: 711-21.

Verma S & Miyashiro T (2013) Quorum sensing in the Squid-Vibrio symbiosis. *International Journal of Molecular Sciences* **14**: 16386–16401.

Vodstrcil LA, Twin J & Garland SM et al. (2017) The influence of sexual activity on the vaginal microbiota and Gardnerella vaginalis clade diversity in young women. PLOS ONE **12**: e0171856.

Vreeland RH, Rosenzweig WD & Powers DW (2000) Isolation of a 250 million-year-old halotolerant bacterium from a primary salt crystal. *Nature* **407**: 897–900.

Whiteley M, Diggle SP & Greenberg EP (2017) Progress in and promise of bacterial quorum sensing research. *Nature* **551**: 313–320.

## 第二章　微生物最愛成群結隊

Barker J & Bloomfield SF (2000) Survival of Salmonella in bathrooms and toilets in domestic homes following salmonellosis. *Journal of Applied Microbiology* **89**: 137–144.

Bloomfield SF, Rook GAW, Scott EA, Shanahan F, Stanwell-Smith R & Turner P (2016) Time to abandon the hygiene hypothesis: new perspectives on allergic disease, the human microbiome, infectious disease prevention and the role of targeted hygiene. *Perspectives in Public Health* **136**: 213–224.

Butt U, Saleem U, Yousuf K, El-Bouni T, Chambler A & Eid AS (2012) Infection risk from surgeons' eyeglasses. *Journal of Orthopaedic Surgery* **20**: 75–77.

Cardinale M, Kaiser D, Lueders T, Schnell S & Egert M (2017) Microbiome analysis and confocal microscopy of used kitchen sponges reveal massive colonization by Acinetobacter, Moraxella and Chryseobacterium species. *Scientific Reports* **7**: 5791.

Caselli E (2017) Hygiene: microbial strategies to reduce pathogens and drug resistance in clinical settings. *Microbial Biotechnology* **10**: 1079–1083.

Caudri D, Wijga A, Scholtens S, Kerkhof M, Gerritsen J, Ruskamp JM, Brunekreef B, Smit HA & Jongste JC de (2009) Early daycare is associated with an increase in airway symptoms in early childhood but is no protection against asthma or atopy at 8 years. *American Journal of Respiratory and Critical Care Medicine* **180**: 491–498.

Di Lodovico S, Del Vecchio A, Cataldi V, Di Campli E, Di Bartolomeo S, Cellini L & Di Giulio M (2018) Microbial contamination of smartphone touchscreens of Italian university students. *Current Microbiology* **75**: 336–342.

Dunn RR, Fierer N, Henley JB, Leff JW & Menninger HL (2013)

Home life: Factors structuring the bacterial diversity found within and between homes. *PLOS ONE* **8**: e64133.

Egert M, Schmidt I, Bussey K & Breves R (2010) A glimpse under the rim – the composition of microbial biofilm communities in domestic toilets. *Journal of Applied Microbiology* **108**: 1167–1174.

Egert M, Späth K, Weik K, Kunzelmann H, Horn C, Kohl M & Blessing F (2015) Bacteria on smartphone touchscreens in a German university setting and evaluation of two popular cleaning methods using commercially available cleaning products. *Folia Microbiologica* **60**: 159–164.

Gibbons SM, Schwartz T, Fouquier J, Mitchell M, Sangwan N, Gilbert JA & Kelley ST (2015) Ecological succession and viability of human-associated microbiota on restroom surfaces. *Applied and Environmental Microbiology* **81**: 765–773.

Gilbert JA (2017) How do we make indoor environments and healthcare settings healthier? *Microbial Biotechnology* **10**: 11–13.

Hesselmar B, Hicke-Roberts A & Wennergren G (2015) Allergy in children in hand versus machine dishwashing. Pediatrics **135**: e590-7.

Johnson DL, Mead KR, Lynch RA & Hirst DVL (2013) Lifting the lid on toilet plume aerosol: A literature review with suggestions for future research. *American Journal of Infection Control* **41**: 254–258.

Kotay S, Chai W, Guilford W, Barry K & Mathers AJ (2017) Spread from the sink to the patient: In situ study using green fluorescent protein (GFP)-expressing Escherichia coli to model bacterial dispersion from hand-washing sink-trap reservoirs. *Applied and Environmental Microbiology* **83**: e03327-16.

Lang JM, Eisen JA & Zivkovic AM (2014) The microbes we eat: abundance and taxonomy of microbes consumed in a day's worth of meals for three diet types. *PeerJ* **2**: e659.

Martin LJ, Adams RI & Bateman A et al. (2015) Evolution of the indoor biome. *Trends in Ecology & Evolution* **30**: 223–232.

Meadow JF, Altrichter AE & Green JL (2014) Mobile phones carry the personal microbiome of their owners. *PeerJ* **2**: e447.

Miranda RC & Schaffner DW (2016) Longer contact times increase cross-contamination of Enterobacter aerogenes from surfaces to food. *Applied and Environmental Microbiology* **82**: 6490–6496.

Raghupathi PK, Zupančič J, Brejnrod AD, Jacquiod S, Houf K, Burmølle M, Gunde-Cimerman N & Sørensen SJ (2018) Microbial diversity and putative opportunistic pathogens in dishwasher biofilm communities. *Applied and Environmental Microbiology* **84**: e02755-17.

Rook GA (2013) Regulation of the immune system by biodiversity from the natural environment: An ecosystem service essential to health. *Proceedings of the National Academy of Sciences* USA **110**: 18360–18367.

Rusin P, Orosz-Coughlin P & Gerba C (1998) Reduction of faecal coliform, coliform and heterotrophic plate count bacteria in the household kitchen and bathroom by disinfection with hypochlorite cleaners. *Journal of Applied Microbiology* **85**: 819–828.

Savage AM, Hills J, Driscoll K, Fergus DJ, Grunden AM & Dunn RR (2016) Microbial diversity of extreme habitats in human homes. *PeerJ* **4**: e2376.

Strachan DP (1989) Hay fever, hygiene, and household size. BMJ **299**: 1259–1260.

Xu J & Gordon JI (2003) Honor thy symbionts. *Proceedings of the National Academy of Sciences* USA **100**: 10452–10459.

Zupančič J, Novak Babič M, Zalar P & Gunde-Cimerman N (2016) The black yeast Exophiala dermatitidis and other selected opportunistic human fungal pathogens spread from dishwashers to kitchens. PLOS ONE **11**: e0148166.

# 第三章　微生物就在你我身邊

Barberis I, Bragazzi NL, Galluzzo L & Martini M (2017) The history of tuberculosis: from the first historical records to the isolation of Koch's bacillus. *Journal of Preventive Medicine and Hygiene* **58**: E9-E12.

Baum M & Liesen H (1997) Sport und Immunsystem. Der Orthopäde **26**: 976–980.

Bhullar K, Waglechner N, Pawlowski A, Koteva K, Banks ED, Johnston MD, Barton HA & Wright GD (2012) Antibiotic resistance is prevalent in an isolated cave microbiome. *PLOS ONE* **7**: e34953.

Brockmann D & Helbing D (2013) The hidden geometry of complex, network-driven contagion phenomena. *Science* **342**: 1337–1342.

Brolinson PG & Elliott D (2007) Exercise and the immune system. *Clinics in Sports Medicine* **26**: 311–319.

Falush D, Wirth T & Linz B et al. (2003) Traces of human migrations in Helicobacter pylori populations. *Science* **299**: 1582–1585.

Fätkenheuer G, Hirschel B & Harbarth S (2015) Screening and isolation to control meticillin-resistant Staphylococcus aureus: sense, nonsense, and evidence. *The Lancet* **385**: 1146–1149.

Furuse Y, Suzuki A & Oshitani H (2010) Origin of measles virus: divergence from rinderpest virus between the 11th and 12th centuries. *Virology Journal* **7**: 52.

Greaves I & Porter KM (1992) Holy spirit? An unusual cause of pseudomonal infection in a multiply injured patient. *BMJ* **305**: 1578.

Gupta S (2017) Microbiome: Puppy power. *Nature* **543**: S48-S49.

Hertzberg VS, Weiss H, Elon L, Si W & Norris SL (2018) Behaviors, movements, and transmission of droplet-mediated

respiratory diseases during transcontinental airline flights. *Proceedings of the National Academy of Sciences USA* **115**: 3623–3627.

Kirschner AKT, Atteneder M, Schmidhuber A, Knetsch S, Farnleitner AH & Sommer R (2012) Holy springs and holy water: underestimated sources of illness? *Journal of Water and Health* **10**: 349–57.

König C, Tauchnitz S, Kunzelmann H, Horn C, Blessing F, Kohl M & Egert M (2017) Quantification and identification of aerobic bacteria in holy water samples from a German environment. *Journal of Water and Health* **15**: 823–828.

Kuntz P, Pieringer-Müller E & Hof H (1996). Infektionsgefährdung durch Bißverletzungen. *Deutsches Ärzteblatt* **93**: A-969–72.

Maixner F, Krause-Kyora B & Turaev D et al. (2016) The 5300-year-old Helicobacter pylori genome of the Iceman. *Science* **351**: 162–165.

Markley JD, Edmond MB, Major Y, Bearman G & Stevens MP (2012) Are gym surfaces reservoirs for Staphylococcus aureus? A point prevalence survey. *American Journal of Infection Control* **40**: 1008–1009.

Mc Cay PH, Ocampo-Sosa AA & Fleming GTA (2010) Effect of subinhibitory concentrations of benzalkonium chloride on the competitiveness of Pseudomonas aeruginosa grown in continuous culture. *Microbiology* **156**: 30–38.

Meadow JF, Bateman AC, Herkert KM, O'Connor TK & Green JL (2013) Significant changes in the skin microbiome mediated by the sport of roller derby. *PeerJ* **1**: e53.

Neu L, Bänziger C, Proctor CR, Zhang Y, Liu W-T & Hammes F (2018) Ugly ducklings – the dark side of plastic materials in contact with potable water. *NPJ Biofilms and Microbiomes* **4**: 7.

Panchin AY, Tuzhikov AI & Panchin YV (2014) Midichlorians—the biomeme hypothesis: is there a microbial component to religious rituals? *Biology Direct* **9**: 14.

Pellerin J & Edmond MB (2013) Infections associated with religious rituals. *International Journal of Infectious Diseases* **17**: e945-e948.

Rees JC & Allen KD (1996) Holy water – a risk factor for hospital-acquired infection. *Journal of Hospital Infection* **32**: 51–55.

Sharp PM & Hahn BH (2011) Origins of HIV and the AIDS pandemic. *Cold Spring Harbor Perspectives in Medicine* **1**: a006841.

Stein MM, Hrusch CL & Gozdz J et al. (2016) Innate immunity and asthma risk in Amish and Hutterite farm children. *New England Journal of Medicine* **375**: 411–421.

Webber MA, Buckner MMC, Redgrave LS, Ifill G, Mitchenall LA, Webb C, Iddles R, Maxwell A & Piddock LJV (2017) Quinolone-resistant gyrase mutants demonstrate decreased susceptibility to triclosan. *Journal of Antimicrobial Chemotherapy* **72**: 2755–2763.

Weber A & Schwarzkopf A (2003). Heimtierhaltung – Chancen und Risiken für die Gesundheit. Gesundheitsberichterstattung des Bundes, Heft 19. Robert Koch-Institut in Zusammenarbeit mit dem Statistischen Bundesamt (Hrsg.), Berlin.

Weber DJ, Rutala WA & Sickbert-Bennett EE (2007) Outbreaks associated with contaminated antiseptics and disinfectants. *Antimicrobial Agents and Chemotherapy* **51**: 4217–4224.

Wood M, Gibbons SM, Lax S, Eshoo-Anton TW, Owens SM, Kennedy S, Gilbert JA & Hampton-Marcell JT (2015) Athletic equipment microbiota are shaped by interactions with human skin. *Microbiome* **3**: 25.

## 第四章　桿菌博士和病菌先生

Bockmühl DP (2017) Laundry hygiene-how to get more than clean. *Journal of Applied Microbiology* **122**: 1124–1133.

Burton M, Cobb E, Donachie P, Judah G, Curtis V & Schmidt W-P (2011) The effect of handwashing with water or soap on bacterial contamination of hands. *International Journal of Environmental Research and Public Health* **8**: 97–104.

Callewaert C, Lambert J & van de Wiele T (2017) Towards a bacterial treatment for armpit malodour. *Experimental Dermatology* **26**: 388–391.

Callewaert C, Maeseneire E de, Kerckhof F-M, Verliefde A, van de Wiele T & Boon N (2014) Microbial odor profile of polyester and cotton clothes after a fitness session. *Applied and Environmental Microbiology* **80**: 6611–6619.

Callewaert C, van Nevel S, Kerckhof F-M, Granitsiotis MS & Boon N (2015) Bacterial exchange in household washing machines. *Frontiers in Microbiology* **6**: 1381.

Cano RJ & Borucki MK (1995) Revival and identification of bacterial spores in 25- to 40-million-year-old Dominican amber. *Science* **268**: 1060–1064

Dréno B, Pécastaings S, Corvec S, Veraldi S, Khammari A & Roques C (2018) Cutibacterium acnes (Propionibacterium acnes ) and acne vulgaris: a brief look at the latest updates. *Journal of the European Academy of Dermatology and Venereology* **32**: 5–14.

Egert M & Simmering R (2016) The microbiota of the human skin. *Advances in Experimental Medicine and Biology* **902**: 61–81.

Fierer N, Hamady M, Lauber CL & Knight R (2008) The influence of sex, handedness, and washing on the diversity of hand surface bacteria. *Proceedings of the National Academy of Sciences USA* **105**: 17994–17999.

Fredrich E, Barzantny H, Brune I & Tauch A (2013) Daily battle against body odor: towards the activity of the axillary microbiota. *Trends in Microbiology* **21**: 305–312.

Jönsson KI, Rabbow E, Schill RO, Harms-Ringdahl M & Rett-

berg P (2008) Tardigrades survive exposure to space in low Earth orbit. *Current Biology* **18**: R729–R731

Kubota H, Mitani A, Niwano Y, Takeuchi K, Tanaka A, Yamaguchi N, Kawamura Y & Hitomi J (2012) Moraxella species are primarily responsible for generating malodor in laundry. *Applied and Environmental Microbiology* **78**: 3317–3324.

Lang JM, Coil DA, Neches RY, Brown WE, Cavalier D, Severance M, Hampton-Marcell JT, Gilbert JA & Eisen JA (2017) A microbial survey of the International Space Station (ISS). *PeerJ* **5**: e4029.

Martin A, Saathoff M, Kuhn F, Max H, Terstegen L & Natsch A (2010) A functional ABCC11 allele is essential in the biochemical formation of human axillary odor. *Journal of Investigative Dermatology* **130**: 529–540.

Natsch A (2015) What makes us smell: The biochemistry of body odour and the design of new deodorant ingredients. *CHIMIA International Journal for Chemistry* **69**: 414–420.

Natsch A, Gfeller H, Gygax P & Schmid J (2005) Isolation of a bacterial enzyme releasing axillary malodor and its use as a screening target for novel deodorant formulations. *International Journal of Cosmetic Science* **27**: 115–122.

Peterson SN, Snesrud E, Liu J, Ong AC, Kilian M, Schork NJ & Bretz W (2013) The dental plaque microbiome in health and disease. *PLOS ONE* **8**: e58487.

Probst AJ, Auerbach AK & Moissl-Eichinger C (2013) Archaea on human skin. *PLOS ONE* **8**: e65388.

Raynaud X & Nunan N (2014) Spatial Ecology of bacteria at the microscale in soil. *PLOS ONE* **9**: e87217.

Stapleton K, Hill K, Day K, Perry JD & Dean JR (2013) The potential impact of washing machines on laundry malodour generation. *Letters in Applied Microbiology* **56**: 299–306.

Turroni S, Rampelli S & Biagi E et al. (2017) Temporal dynamics

of the gut microbiota in people sharing a confined environment, a 520-day ground-based space simulation, MARS500. *Microbiome* **5**: 39.

Wilson JW, Ott CM & Bentrup KH et al. (2007) Space flight alters bacterial gene expression and virulence and reveals a role for global regulator Hfq. *Proceedings of the National Academy of Sciences USA* **104**: 16299–16304.

國家圖書館出版品預行編目 (CIP) 資料

少了微生物，我們連屁都放不出來：細菌病毒如何決定人類的生活，以及我們該如何自保？/ 馬庫斯 . 艾格特 (Markus Egert), 法蘭克 . 塔杜伊斯 (Frank Thadeusz) 著；宋淑明譯 . -- 初版 . -- 臺北市：如果出版：大雁出版基地發行，2020.04

面； 公分

譯自：Ein Keim kommt selten allein : Wie Mikroben unser Leben bestimmen und wir uns vor ihnen schützen

ISBN 978-957-8567-51-1( 平裝 )

1. 微生物學

369 109003559

# 少了微生物，我們連屁都放不出來：
## 細菌病毒如何決定人類的生活，以及我們該如何自保？

Ein Keim kommt selten allein: Wie Mikroben unser Leben bestimmen und wir uns vor ihnen schützen

作　　者——馬庫斯・艾格特博士（Prof. Dr. Markus Egert）
——法蘭克・塔杜伊斯（Frank Thadeusz）
譯　　者——宋淑明
審 定 人——梁倪嘉（馬偕紀念醫院家庭醫學科兼任主治醫師）
插　　圖——陳建宏
封　　面——萬勝安
責任編輯——鄭襄憶
校　　對——陳正益
行銷業務——郭其彬、王綬晨、邱紹溢
行銷企劃——曾曉玲
副總編輯——張海靜
總 編 輯——王思迅
發 行 人——蘇拾平
出　　版——如果出版
發　　行——大雁出版基地
地　　址——台北市松山區復興北路 333 號 11 樓之 4
電　　話——02-2718-2001
傳　　真——02-2718-1258
讀者傳真服務——02-2718-1258
讀者服務信箱 E-mail——andbooks@andbooks.com.tw
劃撥帳號——19983379
戶　　名——大雁文化事業股份有限公司
出版日期——2020 年 4 月 初版
定　　價——380 元
I S B N——978-957-8567-51-1



歡迎光臨大雁出版基地官網
www.andbooks.com.tw
訂閱電子報並填寫回函卡

如果